《京津野外地质实习指导书》编写组

主　　编　卢　滔
编写人员　李孝波　王　伟　沈　超　苏占东　董兆祥

防灾减灾系列教材

京津野外地质实习指导书

卢 滔 主编

应急管理出版社

·北 京·

内 容 提 要

本书内容主要包括野外地质实习的目的、任务和主要内容，实习的安排、要求及考核，野外地质实习基本用品和使用方法，野外地质工作的基本方法，京津野外地质实习区域的自然地理条件、岩石、地层、地质构造、水文与工程地质、人文地理条件，京津野外地质认识实习教学路线介绍以及开展实习必要的附录资料等。

本书可作为地质工程、防灾减灾科学与工程、城市地下空间工程、土木工程等专业本科学生京津野外地质实习的指导书，也可作为其他专业或地质学科爱好者的参考用书。

前　言

地质工程、防灾减灾科学与工程、城市地下空间工程、土木工程等专业本科学生的培养需要开设地质学基础和工程地质学课程相衔接的专业实践课程，本指导书为京津地区地质实习提供了文字资料参考，读者可以根据具体工作需要予以调整。

野外地质认识实习能帮助学生巩固和深化理解所学知识，开阔地学思维，对后续专业课程和专业发展有直观的认识和初步的理解；通过野外大自然课堂的学习，能提升学生的学习兴趣和思辨能力。

本书以学生已有的认识水平为基础，不过分追求深度和广度，专注做好后续专业课程的导引部分与地质基础知识有机的结合，突出已修知识和后续课程的有机衔接；贯彻实习过程中认识、记录、分析理解并重的思想，将基本技能训练与实习路线、观察点有机结合。

本教材由防灾科技学院地质工程学院卢滔副教授任主编，全书编写具体分工如下：董兆祥教授负责编写第一章；苏占东副教授负责编写第二章；沈超副教授负责编写第三章第一、六节和第四章第四节；李孝波副教授负责编写第三章第二～五节；卢滔副教授负责编写第四章第一、二、三、五节，并提供全书使用现场拍摄照片；王伟副教授负责编写附录Ⅰ和附录Ⅱ。全书由卢滔副教授统稿。

在本书准备、现场调查踏勘和内容编写过程中，得到防灾科技学院薄景山教授、吉林大学邓金宪教授和李德伦教授的指导，并得到了防灾科技学院地质工程学院及学校有关主管部门的大力协助和支持；同时也参考了国内外若干学者的研究成果，在此一并致谢！

由于水平所限，不足之处在所难免，希望读者提出宝贵意见，以便进一步修改完善。

编　者

2023 年 6 月

目　　次

第一章 绪 论

第一节 京津野外地质实习的目的、任务和主要内容

一、实习目的

野外地质实习是地质工程专业教学实践的重要环节，目的在于巩固和加深理解在课堂所学的基础地质相关理论知识，使理论与实践紧密相结合；学会野外观察地质现象和分析评价工程地质问题的初步能力，为今后学习、工作中使用分析地质资料打好基础；将基础地质相关知识与后续专业课程联系起来，初步建立工程防灾减灾相关的地质观。

二、实习任务和主要内容

本地质实习指导书主要针对地质工程专业认识实习，按照10天集中实习工作量设置，其他专业、类型实习可以根据时间安排酌情调整实习任务和主要工作内容。

地质工程认识实习由外业工作和内业工作组成，其工作任务和主要工作内容如下。

（一）外业工作

外业工作是由实习指导教师带领实习学生在野外现场开展现场调查、观察认识和讨论分析等一系列工作，本项工作时间安排7~8天。外业工作的主要内容有如下几方面。

1. 地质路线调查

通过几条地质现象比较丰富的典型路线，同学们能观察到主要的地质现象，包括如下内容。

（1）实习地区不同地质时代地层的岩石性质和特征，地层的接触关系，风化情况和工程特性等。

（2）主要的地质构造现象，如褶皱、断层、节理等。测定岩层的产状，确定褶皱的类型，研究断层和节理的性质、分布及发育规律等。

（3）第四纪沉积层的成因、岩性及分布。了解本区的地貌特征（山形、阶地、河曲等），查明河谷纵、横剖面情况，研究河谷阶地及其性质，以及新构造运动的特征等。

（4）工程地质问题，如喀斯特、滑坡、冲沟、崩塌等的分布，形成条件和发育规律，以及对工程建设的影响等。

2. 地质点的观测与描述

地质点的选择，位置的确定，地层时代、岩性特征、产状要素的测定，地质构造特征、

地质现象的观察，地质图的使用，绘示意剖面图及素描图，标本的采集及记录描述等。

3. 原位试验参观

结合实习地区的情况，选择工程现场参观勘探试验工作，如钻探、物探、抽、压水试验等。

4. 工程建设相关的工程地质条件与问题评价

结合实习地区的建筑物进行参观；对水工、港工、土木、交通等领域的工程地质条件进行调查、分析与评价，主要包括水库区、坝（闸）两岸及河床、引水隧洞及泄水建筑，以及水电站等建筑相关的工程地质条件与问题等。

（二）内业工作

为了巩固与提高野外实习效果，对收集的实际地质资料，应及时进行分析整理，以便得到全面系统的深入认识，并组织参观校内实验平台，最终完成实习答辩工作。本项工作用时 2 ~ 3 天，主要内业工作如下。

（1）野外资料的整理和分析：记录及标本的整理，地质现象的分析，工程地质问题的讨论，节理统计图及实测地质剖面图及地层柱状图的绘制。

（2）区域地质概要及有关资料的查阅。

（3）勘测及试验工作的有关资料整理。

（4）参观水工等建筑物相关资料的整理。

（5）校内实验平台参观资料整理。

（6）按时完成实习作业及阶段小结，作好实习总结报告。

第二节　京津野外地质实习的安排、要求及考核

一、实习准备工作

1. 思想方面

实习前首先要做好思想动员和组织准备工作。讲明实习的目的和具体要求，宣布实习守则，要求严格遵守。为保证实习任务的顺利完成，必须加强组织领导和做好政治思想工作。野外实习的生活、学习条件相对较差、困难较多，要求同学做好吃苦耐劳、敢于克服困难的思想准备。

在教研室实习指导教师组领导下，每班设实习大组正、副组长各 1 人，全班分成若干小组（每组 4 ~ 5 人），设小组长 1 人，小组是完成实习任务最基本单位。各大组设学习、生活、宣传、安全、卫生等专项工作负责人若干，分别负责各项具体工作。

2. 学习方面

为加强理论与实际相结合，采取校内课堂讲授、野外现场进行教学实习的方式。要求结合实习内容，重点对主要造岩矿物与岩石，地质构造、地史概要，地质图等部分进行复习准备，认真学习实习指导书。

在实习期间，结合现场教学所讲内容进行预习和复习，如各种地质作用和地质现象，地下水的主要类型及特征，工程地质测绘，以及库（坝）区、边坡、洞室的工程地质问

题等。

实习期间，政治学习结合实习任务的要求进行，并借助现场工作开展相关课程思政教学。

3. 实习备品

（1）自备实习用品：雨具、草帽、地质包、教材、三角板、铅笔、小刀、橡皮、胶布、坐标纸、数码相机等。

（2）实验室发放（或借用）实习用品：实习指导书、野外记录本、地质罗盘仪、地质锤、地质图等。

二、实习安排和要求

1. 实习安排

根据实习内外业工作内容在知识体系中先后次序性、实习点与学院的相对位置关系，地质工程专业认识实习采用每日早间出发、晚间返校的模式开展外业工作，按两周设置的实习工作安排，见表1－1。

表1－1　地质工程专业认识实习工作安排

日程安排	内外业或路线	实 习 路 线 安 排
第一天	内业：校内	上午实习动员、备品发放；下午校内实验平台参观
第二天	外业：蓟县路线	中上元古界国家地质公园：常州沟、青山岭、白滩大河
第三天	外业：蓟县路线	中上元古界国家地质公园：桑树庵村、蓟州溶洞
第四天	外业：蓟县路线	中上元古界国家地质公园：罗庄子、杨庄水库、小岭子村
第五天	外业：周口店路线	周口店古人类博物馆、官地村、上黄院、周口河
第六天	外业：西山路线	温泉村、军庄、斜河涧
第七天	外业：十三陵路线	二十里长山、十三陵水库
第八天	外业：工程参观	工程现场参观认识学习
第九天	内业：校内	资料整理、报告撰写
第十天	内业：校内	报告撰写、实习答辩

实习动员由老师介绍实习地区的地质概要，布置实习内容及地质路线的具体安排，具体实习过程中结合边讲课、边实习的现场教学方法，采取循序渐进的步骤，紧密结合实地、实物进行教学实习，逐步培养同学的独立工作能力，为此，实习期间大致分为3个阶段。

（1）以教师多讲解，同学观察认识为主阶段。

（2）教师少讲解，多提出问题，同学多思考的独立工作阶段。

（3）以同学观察分析为主，教师答疑小结，同学独立工作的阶段。

2. 实习要求

（1）严格遵守实习安全规程和实习纪律，不遵守安全规程和纪律的同学取消实习资格。

（2）在教师指导下，逐渐学会野外地质勘测的基本知识和方法，如地质罗盘仪的使用，岩层产状的测定，地质点的工作内容，地质路线的观测，地质剖面的测绘及节理的测量与统计方法等。

（3）仔细观察与认识不同时代地层的主要岩石性质，地质构造特征，地下水及物理地质现象，达到初步具有观察和分析野外地质现象的能力。

（4）对实习地区的地质条件及工程地质问题进行初步归纳、分析。

（5）认真并按时完成所规定实习内容，根据野外观察实测资料、记录、标本及作业等，实习结束时编写实习报告和绘制基本图件，以利于巩固实习效果和提高独立思考能力。

三、实习考核

实习分数按照过程考核和成果考核加权计算给出，具体按照：出勤态度(15 分) + 野外记录(30 分) + 实习报告(40 分) + 实习答辩(15 分) = 实习分数（100 分）。过程考核手段包括现场问答、出勤情况等；成果考核包括野外记录完成情况、实习报告完成情况和现场答辩情况。

第二章　野外地质实习基本用品和工作方法

第一节　野外地质实习基本用品和使用方法

一、野外地质实习用图（地形图与地质图）

1. 地形图的一般特征

地形图是将地形、地物依据设定的比例按一定的方法投影在平面上，反映地形起伏变化的图件。它是地表地形、地物空间位置的实际反映。地形图按比例尺可分为大比例尺地形图（大于1∶5万）、中比例地形图（1∶5万~1∶25万）、小比例尺地形图（小于1∶25万）3个类型。地形图既是重要的国家机密图件，必须按照国家的相关法规依法使用，并承担相应的保管责任，也是野外地质工作者的向导和野外收集原始资料及最终地质成果的重要载体。

2. 地形图的解读

地形图是野外作业必备的基础资料，用好地形图首先要读地形图上的内容。通过读图：了解、熟悉工作区的山川地貌和道路村庄的分布情况，以便制定出适合该地区野外地质工作的计划和路线；既保证野外地质工作的安全，又保证野外地质工作的质量，力争取得最大的工作效果。读地形图的一般原则：先图框外，后图框内。具体解读步骤如下。

（1）读图名。图名位于图幅的正上方，通常以图内最重要的地名来命名。

（2）了解比例尺。从比例尺可以了解图幅面积大小、地形图的精度及等高距，比例尺一般用数字或线条表示。

（3）地形图的图幅位置。地形图上经度线表示地理南北方向，纬度线表示地理东西方向，从图幅上所标注的经纬度可以了解地形图的地理位置。在图幅的左上角标有接图表，表示与相邻图幅的相邻位置关系。

（4）读磁偏角。在不同的地区有不同的磁偏角，在开始野外地质工作前，首先要校正罗盘的磁偏角，以便罗盘测出的方位与实际的地理方向一致。

（5）读图例。图例一般标在图框的右侧，用不同的符号表示图内不同的地形、地物或特殊标志物。

（6）了解绘图时间。绘图时间一般标注在框外的右下角。伴随制图技术的发展，时间越晚，图件制作的精度越高。

3. 地形图的应用

地形图在野外地质工作中主要起到以下几个方面的作用。

（1）布置观察路线。布置野外地质观察路线既要考虑到地质内容，也要考虑到地形情况。地形的陡缓将直接影响地质露头的好坏和徒步穿越的可能性和安全性。陡壁、河谷、公路旁常常有较好的露头，是野外地质工作常往的地方。尽管如此，还是应当尽量从它们的旁边选择地质露头好、便于步行、省力的观察路线。

（2）标注地质观察点。在进行野外地质工作时，除了对野外观察到的地质现象要进行详尽的文字描述外，还要记录观察点的位置并标注在地形图上，这种操作就叫标定地质点。在野外标定地质点是科学地质工作程序中最基础的工作，否则失去地质点支撑的地质记录将毫无价值。在野外地质工作中常用的定点方法有两种：一是地形地物定点法，二是后方交会定点法。地形地物定点法就是根据观察点与在地形图上标注的特殊地形、地物的相对位置关系确定观察点位置的方法。该方法简单、准确、便捷，是野外地质工作常用的定点法。后方交会定点法常用于观察点附近没有明显的地形地物标志的时候，其方法是观察者首先瞭望可以搜索到的所有明显的标识物（如山头、三角点、建筑物等），然后在图上读出标识物在图中的位置，选择其中易于测量和作图的两个标识物 A、B 及其在地形图上的位置 A′、B′，用罗盘测出标识物 A、B 的方位角 α 和 β，在地形图上分别以 A′、B′点为原点，坐标纵线为一边用量角器时出 α 和 β 角并作直线相交，交点即为观察者所在的观察点。

（3）利用地形图制作地形剖面图。在野外路线地质工作中，为了形象地表达观察到的地质内容，常常要做一些信手地质剖面图。制作这类图件可以在地质图上读出预定的地质路线，按照设定的比例尺在野外记录本方格纸页上作出图切地质剖面，作为野外观察和修正的基础图形。在野外作业中，再根据实际地形做出修正，并把观察到的地质内容对应绘制到地形剖面图上，就制作成一幅信手地质剖面图。

二、放大镜及其使用方法

手持放大镜是野外工作必备的工具之一。通常使用的放大镜有放大 5 倍、放大 5 ~ 10 倍和放大 10 ~ 20 倍 3 种类型。放大倍数越大的放大镜，其镜片的曲面半径越小，景深也越小，只有把放大镜置于非常靠近眼睛的位置才能清晰地看到放大后的效果，因此必须正确地掌握放大镜的使用方法。使用放大镜观察岩石、矿物、生物化石及其结构和构造时，一般左手持需要观察的标本，右手的大拇指和食指夹持打开的放大镜，右手的中指轻轻地压在被观察物表面上，同时移动左右手，使放大镜靠近眼睛直至看到放大的现象为止，与此同时可微微弯曲中指，调节放大镜与观察物之间的距离即可得到最佳稳定、清晰放大后的现象。

三、地质罗盘及其使用方法

地质罗盘是野外地质工作中必备的工具，借助它可以测量方位、地形坡度、地层产状、定地质点等，因此每一位地质工作者都应熟练掌握罗盘的使用方法。

1. 地质罗盘仪的基本构造

地质罗盘仪一般由磁针、磁针制动器、刻度盘、测斜器、水准器和瞄准器等几部分组成，并安装在非磁性物质的底盘上（图2-1）。

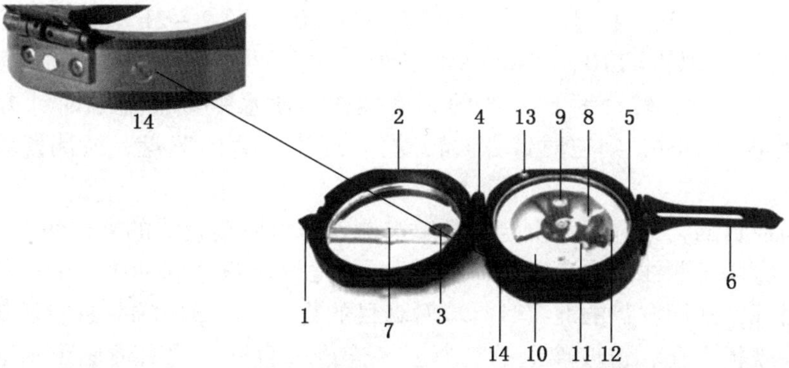

1—短觇标；2—盖；3—反光镜椭圆孔；4—连接合页；5—罗盘外壳；6—长觇标；7—反光镜及分划线；8—磁针；9—圆形水准器；10—刻度盘；11—管形水准器；12—测斜刻度盘；13—磁针制动螺丝；14—刻度盘校正螺丝

图2-1　DQY-1地质罗盘仪结构图

（1）磁针为一两端尖的磁性钢针，其中心放置在底盘中央轴的顶针上，以便灵活地摆动。为使磁针处于平衡状态，在磁针的南端绕上若干圈铜丝，来调节磁针的重心位置，亦可以此来区分指南针和指北针。

（2）磁针制动器是在支撑磁针的轴下端套着的一个自由环，此环与制动小螺钮以杠杆相连，可使磁针离开转轴顶针并固结起来，以便保护顶针和旋转轴不受磨损，保持仪器的灵敏性，延长罗盘的使用寿命。

（3）刻度盘分内（下）和外（上）两圈，内圈为垂直刻度盘，外圈为水平刻度盘。内圈专作测量倾角和坡度角之用，以中心位置为0°，分别向两侧增加度数，直至90°；外圈刻度盘有两种，即方位角刻度盘和象限角刻度盘，随不同罗盘而异。方位角刻度盘是从0°开始，逆时针方向每隔10°一记，直至360°，在0°和180°处分别标注N和S（表示北和南），90°和270°处分别标注E和W（表示东和西）；象限角刻度盘与方位角刻度盘不同之处是S、N两端均记作0°，E和W处均记作90°，即刻度盘上分成0°~90°的4个象限。

（4）水准器是用来找平的构件，罗盘上通常有圆形和管形两个水准器，圆形者固定在底盘上，管状者固定在测斜器上，当气泡居中时，分别表示罗盘底盘和罗盘含长边的面处于水平状态。如果测斜器是摆动式的悬锥，则没有管形水准器。

（5）瞄准器包括长照准器、短照准器、反光镜中的细丝及其下方的透明小孔，是用来瞄准测量目的物（地形和地物）的。

2. 地质罗盘仪的使用方法

在使用前需作磁偏角的校正，因为地磁的南、北两极与地理的南、北两极位置不完全相符，即磁子午线与地理子午线不重合，两者间夹角称磁偏角（δ）。地球上各点的磁偏角均定期计算并公布，以备查用。当地球上某点磁北方向偏于正北方向的东边时，称东偏

（记为 +）；偏于西边时，称西偏（记为 -）。如果某点磁偏角（δ）为已知，则一测线的磁方位角（$A_{磁}$）和正北方位角（A）的关系为 $A = A_{磁} \pm \delta$。图 2 - 2a 表示 δ 东偏 30°，且测线所测的角亦为 NE30°时，则 $A = 30° + 30° = $ NE60°；图 2 - 2b 表示 δ 西偏 20°，测线所测角为 SE110°，则 $A = 110° - 20° = 90°$。为工作方便，可以根据上述原理进行磁偏角校正，磁偏角偏东时，转动罗盘外壁的刻度螺丝，使水平刻度盘顺时针方向转动一磁偏角值则可（若西偏时，则逆时针方向转动）。经校正后的罗盘，所测读数即为正确的方位。

测量方向或目的物方位即为测定目的物与测者两点所连直线的方位角。方位角是指从子午线顺时针方向至测线的夹角（图 2 - 2c）。首先放松磁针制动小螺钮，打开对物觇板并指向所测目标，即用罗盘的北（N）端对着目的物，南（S）端靠近自己进行瞄准。使目的物、对物觇板小孔、盖玻璃上的细丝三者连成一直线，同时使圆形水准器的气泡居中，待磁针静止时，指北针所指的度数即为所测目标的方位角。

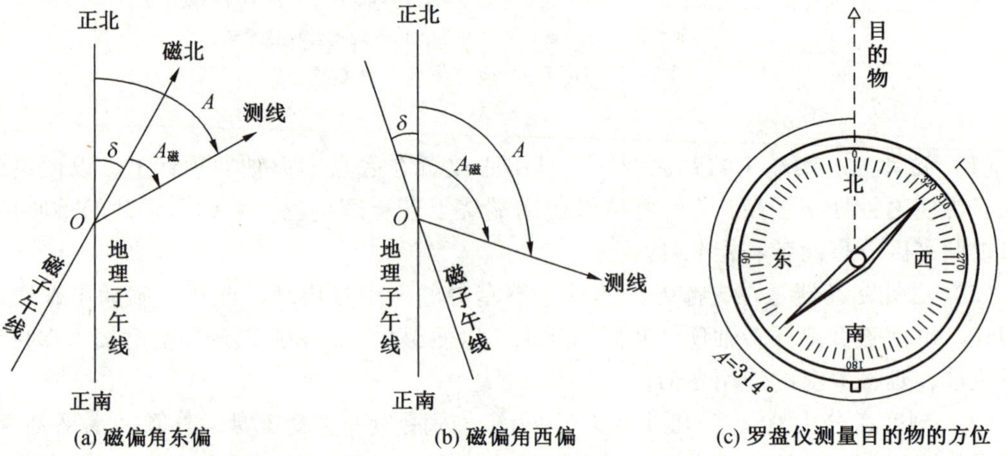

图 2 - 2　地质罗盘确定方位示意图

3. 岩层产状要素的测定

岩层的空间位置决定于其产状要素，岩层产状要素包括岩层的走向、倾向和倾角（图 2 - 3）。

（1）岩层走向的测量。岩层走向是岩层层面与水平面相交线的方位，测量时将罗盘长边的底棱紧靠岩层层面，当圆形水准器气泡居中时读指北或指南针所指度数即所求（因走向线是一条直线，其方向可两边延伸，故读南、北针均可）。

（2）岩层倾向的测量。岩层倾向是指岩层向下最大倾斜方向线（真倾向线）在水平面上投影的方位。测量时将罗盘北端指向岩层向下倾斜的方向，以南端短棱靠着岩层层面，当圆形水准器气泡居中时，读指北针所指度数即所求。

（3）岩层倾角的测量。岩层倾角是指层面与假想水平面间的最大夹角，称真倾角。真倾角可沿层面真倾斜线测量求得，若沿其他倾斜线测得的倾角均较真倾角小，称为视倾

图2－3　岩层产状要素及其测量方法示意图

角。测量时将罗盘侧立，使罗盘长边紧靠层面，并用右手中指拨动底盘外之活动扳手，同时沿层面移动罗盘，当管形水准器气泡居中时，测斜指针所指最大度数即为岩层的真倾角。若测斜器是悬锤式的罗盘，方法与上基本相同，不同之处是右手中指按着底盘外的按钮，悬锤则自由摆动，当达最大值时松开中指，悬锤固定所指的读数即岩层的真倾角。

（4）岩层产状的记录方法。若用罗盘测得某地层走向为北偏东45°，倾角30°，倾向SE，则记为N45°E∠30°SE，或记作135°∠30°（即只记倾向与倾角即可）。在地质图或平面图上标注产状要素时，需用符号和倾角表示。首先找出实测点在图上的位置，在该点按所测岩层走向的方位画一线段（4 mm）表示走向，再按岩层倾向方位，在该线段中点作短垂线（2 mm）表示倾向，然后，将倾角数值标注在该符号的右下方。

第二节　野外地质工作的基本方法

一、野外地质编录规划和编码分配方案

地质工作项目涉及的范围大，工作期间长（往往需经一至数年），且有多个作业组合作完成。因此在一个野外地质项目开始之初，应当制定完善的野外地质编录规划和野外地质编码分配方案，以保证全部野外地质记录的完整、清晰、有序，避免因事后发现野外原始记录编录的混乱而出现不应有的损失。在野外地质工作中，需要进行统一编录的类别很多，比较常用的类别有野外作业种类编录（如路线、地质点、剖面等）、采集标本类（如化石、岩石、矿物等）、分析样品类（如岩石薄片样、光片样、化学分析样、重砂样等）。在野外地质工作过程中，因新的工作内容需新的编录号时，应及时通知各作业组和技术人员，不得擅自起用新的编录类别及序号。

二、野外记录、采样

1. 文字记录

野外记录的质量直接关系到地质工作成果的质量，也直接反映了地质工作人员的科学态度和工作作风。文字记录是野外记录中最基本的内容，文字记录一般应包括本次观察的目的、任务、观察路线所经过的主要地点、观察点的位置、观察日期、天气情况、观察者姓名、地质内容、测量的各种产状要素、采集的标本、照片、对本路线的总结等内容。野外记录本是野外地质工作被规定用来承载原始资料的最重要的载体，地质工作者有责任将观察到的各种地质现象客观、准确、清楚地记录在专用的野外记录本上。野外记录本的1、2页为目录页，通常可随着野外工作的进展，边记录，边编写目录；也可以在该野外记录本使用完毕后一次编写。野外记录本最后附有常用三角函数表、常用计算公式和倾角换算表。文字描述页有4个功能区（图2－4）。

2001 年 8 月 1 日　星期 三　天气 晴

地点 北戴河鸽子窝

路线1	基地－赤土山－鸽子窝－基地	
任务：	1. 了解实习区交通及自然地理概况。	
	2. 学习使用地形图及后方交会定点法。	
	3. 观察基岩海岸的海蚀地形。	
	No. 1	
位置：	鹰角亭陡壁下。	
意义：	基岩海岸海蚀地形观察点。	
描述：	1. 该地点观察到的海蚀地形有：	
	海蚀崖、海蚀凹槽、海蚀柱……	Photo－1
	2. 该点发育两组剪节理，把岩石切割成不规则的菱形块体。剪节理的产状为：	
	102°∠78°, 20°∠80°	
	3. 该点周围的岩性为新太古代正长花岗岩。	
	……	b－gzw－1
小结	1. ……	
	2. ……	

图2－4　野外记录本文字记录格式示意图

（1）页眉区。页眉区位于文字描述页上方，专用于记录工作当日地点、日期和天气情况。

（2）左批注栏。左批注栏位于文字描述页左侧的竖直通栏，常用于编录当日目录或注释。

（3）文字记录栏。文字记录栏位于文字描述页中部，记录描述性正文。

（4）右批注栏。右批注栏位于文字描述的右侧，专用于补充、修改或更正描述正文之用。

野外记录本中印有坐标格页面，用于野外绘制各种图件，用以配合、补充文字描述，可以更客观全面地反映观察到的地质现象。

在长期的野外工作中，工作人们逐渐形成了一套野外记录的文字记录格式和记录方法。对文字记录特作如下要求。

（1）文字记录必须在野外观察时完成，不能在室内想象或追忆记录。记录内容应与野外地质现象一致，必须是自己观察到的地质现象。

（2）记录要认真，文字清晰，条理清楚，格式正确。

（3）只能用铅笔（最好是2H），不能用其他笔记录。

（4）书写错误的地方可用铅笔删掉或改正，不能用橡皮擦掉重写。上交野外记录本时，页码要齐全，不允许撕掉废页，不能缺页。

（5）野外记录本是专供记录野外地质现象之用，除记录与地质有关的内容外，不得记录任何其他内容。

（6）野外记录本在用毕或工作结束后，上交所在单位或主管部门保管，不能遗失。如果遗失必须马上报告老师或主管单位。

（7）记录产状要素，要另起一行，并用一定的符号表示，如面状地质要素产状表示为：200°∠25°（倾向∠倾角）。

2. 图件记录

野外现场绘制的图件可以简洁明了地表述地质现象，尤其是各种地质现象之间的相互关系。在野外，有些现象用文字较难表达清楚，为了更清晰、更形象地把所观察到的地质现象表示出来，可采用图件来表示其内容。使用图件能起到简洁、直观、明了、形象地说明地质内容的作用，使读者能较快地、正确地理解记录者所表示的内容，建立空间概念。同时由于在图件绘制中加入野外观察者对一些地质现象分析的内容，故地质图件对地质现象的表达要优于野外照片。野外地质图件一般绘制在野外记录本的左页（厘米纸）上。图件的类型有多种，可根据需要绘制不同的图件。地质实习常用的有素描图、信手剖面图和平面示意图。

1）素描图

素描图是把典型且重要的地质内容形象、真实地描绘出来的图件。地质素描图类似于照相，但又不同于照相。照相是纯直观的反映，不分主次，而地质素描图则可突出重点，去掉一些次要的部分或干扰因素。观察者可以根据需要取舍，使图面简洁、明了、形象。作图的步骤如下：

（1）选取地质内容；

（2）确定素描图的方位；

（3）根据要求确定比例尺；

（4）按实际的相对位置勾画地质内容；

（5）标出图名、图例等。

2）信手剖面图

信手剖面图是指把一条野外路线（或一条路线的某一段）上所观察到的地层、构造及地层接触关系等地质现象实事求是地反映在地形剖面图上的图件。由于地质内容的相对位置是目估或步测的，而不是实测的，故称信手剖面图（图2－5）。如果是横穿构造线走向进行综合地质观察时，应绘制信手地质剖面图，它表示横过构造线方向上地质构造在地表以下的情况，这是一种综合性的图件，既要表示出地层、构造，还要表示火成岩和其他地质现象以及地形起伏、地物名称及其他需要表示的综合性内容。绘好路线地质剖面图是地质工作者的一项重要基本功，必须掌握。

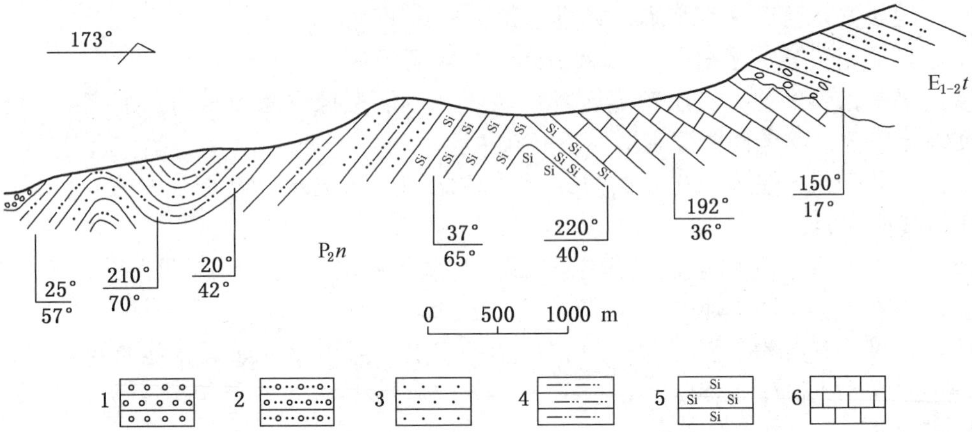

1—砾岩；2—砂砾岩；3—砂岩；4—泥质粉砂岩；5—硅质岩；6—灰岩

×××褶皱构造剖面图

图2－5　信手剖面图示例

路线地质剖面图中的地形起伏轮廓是目测的，但要基本上反映实际情况，各种地质体之间的相对距离也是目测的，应基本正确，各地质体的产状则是实测的，绘图时应力求准确。

图上内容应包括图名、剖面方向、比例尺（一般要求水平比例尺和垂直比例尺一致）、地形的轮廓、地层的层序、位置、代号、产状、岩体符号、岩体出露位置、岩性和代号、断层位置、性质、产状、地物名称。具体绘图步骤如下。

（1）估计路线总长度，选择作图的比例尺，使剖面图的长度尽量控制在记录本的长度以内，当然，如果路线长，地质内容复杂，剖面可以绘得长一些。

（2）绘地形剖面图，目估水平距离和地形转折点的高差，准确判断山坡坡度、山体大小，初学者易犯的错误是将山坡画陡了。一般山坡不超过30°，更陡的山坡人是难以顺利通过的。

（3）在地形剖面的相应点上按实测的层面和断层面产状，画出各地层分界面及断层面的位置、倾向及倾角，在相应的部位画出岩体的位置和形态。相应层用线条连接以反映褶皱的存在和横剖面的特征。

（4）标注地层、岩体的岩性花纹、断层的动向、地层和岩体的代号、化石产地、取样位置等。

（5）写出图名、比例尺、剖面方向、地物名称、绘制图例符号及其说明，如为习惯用的图例，可以省略。

从作图技巧方面来说，应注意以下 3 个“准确”：①地形剖面图要画准确；②标志层和重要地质界线的位置要画准确，如断层位置、煤系地层位置、火成岩体位置等；③岩层产状要画准确，尤其是倾向不能画反，倾角大小要符合实际情况。此外，线条花纹要细致、均匀、美观，字体要工整，各项注记的布局要合理。

3）平面示意图

平面示意图是把地质现象垂直投影到水平面而绘制的图件。平面示意图表示地质内容的相对位置关系，绘图步骤如下：

（1）选取图面范围（按要表示的地质内容确定）；

（2）选定比例尺；

（3）勾画地质界线；

（4）标出方位、图名、图例、地物名称等。

此外，对需要的野外地质现象进行拍照时，需要标注清楚镜向，即镜头的方位角，一般将照片编号及相应镜向记录到野外记录本右批注栏，用以辅助编写报告。

3. 采样

野外地质工作的过程是收集地质资料的过程，地质资料除了文字的记录和各种图件以外，标本则是不可缺少的实际资料。有了各种标本，就可以在室内做进一步的分析研究，使认识深化。因此，在野外必须注意采集标本。根据用途，标本分地层标本、岩石标本、化石标本、矿石标本以及专门用（薄片鉴定、同位素年龄测定、光谱分析、化学分析、构造定向等）的标本等。

标本应是新鲜的而不是风化的。常用的是地层标本和岩石标本，对于这类标本的大小、形态有所要求，一般是长方形，规格为 3 cm×6 cm×9 cm。应在采石场、矿坑等人工开采地点或有利的自然露头上进行采集、加工、修饰。化石标本力求是完整的。矿石标本要求能反映矿石的特征。薄片鉴定、化学分析、光谱分析等标本不求形状，但求新鲜，有适当数量即可。

标本采集后，要立即编号并用油漆或其他代用品写在标本的边角上，防止被磨掉。同时在剖面图或平面图上用相应的符号标出标本采集位置和编号，并在标本登记本上登记，填写标签并包装。化石标本特别要用棉花仔细包装，避免破损。

第三章 京津野外地质实习区域概况

第一节 自然地理条件

一、实习区域地形

本实习区主要为环北京周边京津山区，地处华北平原西北边缘，东北部、北部和西部三面为群山环绕，其中东北部和北部山地总称军都山，属燕山山脉，西部山地总称西山，属太行山山脉，两者的交接部位于昌平区南口镇的关沟；东南部和南部为冲洪积物组成的北京市山前倾斜平原，属华北平原的一部分。北京地形的最高点在东灵山，海拔 2303 m，最低点在通州柴厂屯一带，海拔仅 8 m，相对高差达 2295 m。北京平原区海拔一般不超过 100 m，绝大部分在 30 ~ 50 m 之间。北京山区和平原面积分别为 $1.04\times10^4\ km^2$ 和 $0.64\times10^4\ km^2$。从地形上看，北京市西北高，东南低，自南向北呈阶梯状增高，最后进入内蒙古高原，在山间镶有山间盆地，山区多属中低山地形，东南是一块缓缓向渤海倾斜的平原，其平原形状很像一个群山丛中突入的海湾，故有“北京湾”之称，北京城就坐落于北京湾东南隅的冲洪积平原上。西山由一系列大致平行排列的北东向山脉组成，地势由西北向东南倾斜。永定河、潮白河、温榆河、大石河和拒马河等河流，均从山地流向平原，贯穿整个东南部，并构成北京地势最低的地段。

天津位于华北平原的东北部，海河流域下游，北依燕山，东临渤海，西、南与河北平原接壤。南北长约 186 km，东西宽约 101 km。全境地势北高南低。地貌类型可划分为山地、丘陵、平原、洼地、海岸带和滩涂等。绝大部分属华北平原，由海河携带的泥沙冲积而成，自北向南倾斜。一般海拔 2 ~ 5 m。最北部蓟县山地是燕山山脉向东延伸的南翼，为千米以上的低山丘陵。境内有子牙新河、独流减河、海河、永定新河、潮白新河和蓟运河等河流穿流入海，其中海河是天津最大的河流。低平地带多洼淀，大多已改建为水库，其中以北大港水库为最大。

二、实习区域地貌

北京地区的地貌由西、西北、北部山地和东南平原两大地貌单元组成。山区主要山脊线和沟谷延伸方向与构造线基本一致，褶皱断裂等地质构造形迹在地貌上有明显反映。山地多由不同时代的岩石组成，岩性的不同导致抵抗风化能力有所差异，花岗岩多形成圆浑的山地，碳酸盐岩则形成崎岖陡峭的山地。山地受新构造运动的影响和外动力作用的侵蚀，形成各具特色的山地地貌形态。北山是一组近东西向块状起伏绵延的山体，西山是由南西向北东延伸的一组挺拔绵延的平行山脉。

平原区由永定河、潮白河、温榆河、大石河和蓟运河等河流的冲洪（湖）积作用形成。从山前到腹地可分成山麓坡积裙、山前洪积扇裙、冲洪积扇和冲洪积缓倾斜平原、扇缘和河道间洼地等几种地貌类型，其中以冲洪积平原分布最为广泛。

天津地区大部分被新生代沉积物覆盖，少部分是山地和丘陵。地貌总轮廓为西北高而东南低。地势以平原和洼地为主，海拔由北向南逐渐下降，从蓟县北部山区到塘沽、汉沽、大港的滨海，呈簸箕形向海河干流和渤海方向倾斜。北部最高，海拔 1052 m；东南部最低，海拔 3.5 m。全市最高峰为九山顶（海拔 1078.5 m），最低处是塘沽大沽口，海拔为零。地貌类型包括山地、丘陵、平原、洼地、海岸带、滩涂等。丘陵分布在燕山南侧，介于山地与洪积、冲积倾斜平原之间，面积 228.7 km^2；平原分布在燕山至渤海之间，面积约占全市土地面积的 95%。除北部与燕山南侧接壤之处多为山地外，其余均属冲积平原。蓟县北部山地为海拔千米以下的低山丘陵，靠近山地是由洪积冲积扇组成的倾斜平原，呈扇状分布。倾斜平原往南是冲积平原，东南是滨海平原。

三、实习区域气候

北京属于典型的暖温带半湿润半干旱大陆性季风气候区，四季分明，春季干燥多风沙，夏季高温多雨，秋季晴朗凉爽，冬季寒冷干燥，属典型的雨热同期地区；年平均气温约 11.7 ℃，监测到的日极端最高气温 42.6 ℃，日极端最低气温 -27.4 ℃。北京市降水量季节变化和年际变化均较大，且区域分布不均。从季节上看，降水多集中在每年的 6—9 月（约占全年降水量的 80%），尤其集中于 7—8 月的几场大雨或暴雨（强降水日数占全年强降水日数的 72%）。从区域上看，北京平原区三面环山，各山脊可连成一条平均海拔约 1000 m 的弧形天然屏障，从而形成山前和山后两种气候特征，地域差异明显，平原区降水变化较小，山区变化较大，降水量较大的地区主要集中在东北部的密云区、北部的怀柔区、东部的平谷区和西南部的房山区，年降水量普遍大于 600 mm；城区年降水量约 550 mm；平原区南部的大兴区和通州区部分地区的年降水量约 500 mm。总之，降水量由东和东南向西和西北减少。

天津主要受季风环流的支配，临近渤海湾，海洋气候对天津的影响比较明显，亦属暖温带半湿润大陆性季风气候。四季分明，春季干旱多风，夏季炎热多雨，秋季晴朗干爽，冬季寒冷干燥。全年平均气温约 14 ℃，日照时间较长，年日照时数为 2500 ~ 2900 h，年平均降水量为 560 ~ 700 mm，一年四季雨量分布不均，7—8 月多雨，春季降雨少，往往发生春旱。

第二节　岩　　石

岩石是各种地质作用的产物，是在一定地质和物理化学条件下稳定存在的矿物集合体。按照岩石的成因，可将其分为岩浆岩、沉积岩和变质岩三大类。

一、岩浆岩

岩浆岩是由岩石圈中、下部以及软流圈中的熔融岩浆上升到浅出或喷出地表冷凝而形

图3－1 罗庄子小学附近的辉绿岩

成的岩石。它是岩浆作用的最终产物，可分为侵入岩和喷出岩。

深部岩浆向上运移侵入周围岩石，在地下冷凝、结晶、固结过程中形成的岩石称为侵入岩。实习区内侵入岩主要包括罗庄子小学附近的辉绿岩（图3－1）以及官地村（图3－2）、温泉村（图3－3）的花岗岩。辉绿岩是一种浅成的基性侵入岩，多形成岩床、岩墙等，矿物成分由辉石和斜长石组成，且两者含量近乎相等，颜色多呈暗绿色或黑色，具有典型的辉绿结构，也常见斑状结构，斑晶以基性斜长石为主。花岗岩是酸性深成侵入岩中最常见的一种岩石，多呈浅肉红色、浅灰色；粗－细粒结构、似斑状结构；块状构造，局部见斑杂构造，主要矿物为钾长石、酸性斜长石和石英；次要矿物为黑云母、角闪石；副矿物有磁铁矿、锆石、磷灰石等。

图3－2 官地村的花岗岩

图3－3 温泉村的花岗岩

由火山喷发物形成的岩石称为喷出岩。实习区内喷出岩主要包括军庄火车站南第二垭口的玄武岩（图3－4），小岭子村的碧玉岩（图3－5），桑树庵村的火山熔岩（图3－6）、火山角砾岩（图3－7）。玄武岩是基性喷出岩的代表岩石，主要矿物为辉石和斜长石，次要矿物为角闪石和橄榄石。玄武岩多呈黑色、绿－灰绿色及暗紫色等；隐晶或斑状结构，气孔、杏仁构造普遍发育，海底喷发形成的玄武岩常具有特殊的枕状构造。碧玉岩是一种致密坚硬的硅质岩石，主要矿物成分为玉髓、细粒石英、常混入氧化铁等，呈红棕、绿玫瑰等色，具贝壳状断口，蜡状光泽。碧玉岩常见于火山岩、火山碎屑岩，其成因与火山沉积有关。火山熔岩是指地壳之下100～150 km处，有一个“液态区”，区内存在着高温、

图3-4　军庄火车站南第二垭口的玄武岩

图3-5　小岭子村的碧玉岩

图3-6　桑树庵村的火山熔岩

图3-7　桑树庵村的火山角砾岩

高压下含气体挥发分的熔融状硅酸盐物质，即岩浆。它一旦从地壳薄弱的地段冲出地表，就形成了火山，进而形成火山熔岩。由火山砾及火山渣堆积并固结而成的岩石称为火山角砾岩，其直径一般大于4 mm，所含熔岩碎片以凝灰岩居多，玻璃细片及整石较少，主要由粒径为2～64 mm的火山角砾组成，也含有其他岩石的角砾及少量的石英、长石等矿物晶屑。

二、沉积岩

沉积岩是在常温常压条件下，由风化作用、生物作用和某些火山作用产生的物质经搬运、沉积和成岩等一系列地质作用而形成的岩石。

实习区内沉积岩包括常州村的砾岩（图3-8），常州村和军庄火车站的砂岩（图3-9、图3-10），串岭沟和军庄火车站的页岩（图3-11、图3-12），以及桑树庵村和上黄院村的白云岩（图3-13）。砂岩是具有砂状结构的碎屑岩石，其碎屑成分常为石英、长

图3-8　常州村的砾岩

图3-9　常州村的砂岩

图3-10　军庄火车站南第一垭口的砂岩

图3-11　串岭沟的页岩

图3-12　军庄火车站南第一垭口的页岩

图3-13　上黄院村的白云岩

石、白云母、岩屑、生物碎屑及黏土矿物，岩石颜色随碎屑成分与填隙物成分而异。页岩是泥质沉积物经成岩作用固结而成且具有良好层理的岩石。页岩具有明显的页理构造，成分一般都比较复杂，主要由水云母或高岭石组成，并含碎屑物质和各种自生矿物。大多数页岩常含一定数量的粉砂及其他自生矿物和有机质。石灰岩由方解石组成，岩石为灰色、灰黑色或灰白色，化学结构为主，有时形成特殊结构，如鲕状、竹叶状、团块状等结构，遇稀盐酸时起泡剧烈。白云岩由白云石组成，岩石常为浅灰色、灰白色，少数为深灰色，断口呈晶粒状，遇稀盐酸不易起泡，滴镁试剂由紫变蓝，岩石风化面上常有刀砍状溶蚀沟纹。

三、变质岩

在地球内动力地质作用下，原来形成各种岩石的环境和形成条件发生改变，使原岩矿物成分、结构和构造发生变化的作用，称为变质作用。遭受变质作用而形成的新岩石叫变质岩。由岩浆岩形成的变质岩称为正变质岩；由沉积岩形成的变质岩称为副变质岩，常保留了沉积岩的产状。

实习区内变质岩包括常州村的片麻岩（图3-14）、温泉村的大理岩（图3-15）以及上黄院村的千枚岩（图3-16）。片麻岩具有明显片麻状构造，中、粗粒粒状变晶结构，

图3-14　常州村的片麻岩

图 3-15　温泉村的大理岩

图 3-16　上黄院村的千枚岩

并含较多长石，主要变质矿物为长石、石英、黑云母、角闪石等，有时出现蓝晶石、矽线石、石榴子石等。大理岩是碳酸盐岩（石灰岩、白云岩）经接触热变质或区域变质作用形成的变质岩，岩石一般呈白色，含杂质时可呈现不同的颜色和花纹，具粒状变晶结构或斑状变晶结构，块状构造或条带状构造，矿物成分主要为方解石、白云石，可能含有蛇纹石、透闪石、硅灰石、滑石、透辉石等特征变质矿物。

第三节　地　　层

实习区内主要的地层是以蓟县剖面为代表的中上元古界地层，蓟县剖面分布在蓟县城北，从常州沟村至府君山，沿北至南方向层层叠复，剖面长约 24 km。蓟县剖面发现于 20 世纪 30 年代初，自那时起便成为我国震旦系的标准剖面。蓟县剖面中部元古界点厚度约为 9200 m，其发育程度，除少数几个组外，在燕山地区首屈一指。蓟县剖面划分为 4 个系：中元古界长城系、蓟县系、待建系和新元古界的青白口系，时限分别为 18 亿—16 亿年、16 亿—14 亿年、14 亿—10 亿年和 10 亿—7.8 亿年。长城系自下而上包括常州沟组、串岭沟组、团山子组和大红峪组；蓟县系包括高于庄组、杨庄组、雾迷山组、洪水庄组和铁岭组；待建系包括下马岭组；青白口系包括龙山组和景儿峪组。中元古界长城系和蓟县系以岩石层出露连续，保存完好，顶底清楚，构造简单，变质和古生物化石丰富的特点而闻名于世。蓟县剖面在区域地层对比、生命的形成及进化、地球的演变及古地理环境等方面具有重要意义，剖面作为非常重要的国际自然宝库，为国内外地质科研搭建了交流平台。通过筛选和对比，蓟县剖面被联合国地科联组织和国际对比计划项目工程组推荐为世界同时代层型剖面候选地之一。

一、长城系（Ch 或 Pt_{2ch}'）

长城系分为常州沟组、串岭沟组、团山子组和大红峪组 4 个组。

1. 常州沟组（Chc 或 Pt_{2c}'）

常州沟组主要由砾岩、长石石英砂岩及石英岩组成。底砾岩一般不稳定，在西部昌平、延庆区等地一般不发育，而在东部密云、平谷区一带就比较发育，尤其在密云区聂家峪、平谷区大华山一带最发育，厚有 8 ~ 13 m。本组岩层厚度变化较大，可分三段。第一、二段，灰白，浅红色薄 - 厚层含长石，或长石石英砂岩，厚 59 ~ 227 m。第三段，下部为白色巨厚层石英岩及灰绿、灰色中层石英岩状砂岩，交错层发育、常具底砾岩；中部为紫、淡绿、灰黑、绿灰色薄 - 中层粉砂岩及细粒石英砂层，或呈互层，夹粗粒石英砂岩；上部为白、灰白或黄褐色厚 - 巨厚层石英岩，有时会褐铁矿斑点，并夹有石英砂岩，厚 35 ~ 329 m。本组顶部含古植物及其碎片，厚度具有东厚西薄的趋势，底部有时含磷、金矿，与下伏太古界片麻岩系呈角度不整合关系。

2. 串岭沟组（Ch*ch* 或 Pt'_{2ch}）

串岭沟组与下伏常州沟组呈整合接触关系。下部为灰白、黄绿、灰黑色硅质页岩、白云质页岩、硅质粉砂岩，底部夹泥质白云岩透镜体；上部主要为灰黄、黄绿色硅质页岩或白云质页岩与黑绿色砂质页岩，偶夹泥质白云岩，底部为白灰色厚层石英岩及石英砂岩或细砂岩，厚度为 31 ~ 105 m。含有大量微古植物化石。有多层含钾页岩，含氧化钾品位达 7% ~13% 。

3. 团山子组（Ch*t* 或 Pt'_{2t}）

团山子组与下伏串岭沟组呈整合接触关系。下部为灰白、灰色硅质白云质灰岩，夹白云质粉矿岩，粉砂岩中含泥质白云岩透镜体；中部为淡紫红色硅质白云岩与黄绿色页岩、紫色板岩、粉砂岩互层，白云岩有时具纹带及结核构造；上部为灰白、浅灰色中层硅质白云岩，有时含砂质，厚度为 76 ~ 356 m。含微古植物化石和叠层石，如喀什叠层石、格鲁纳叠层石。

4. 大红峪组（Ch*d* 或 Pt'_{2d}）

大红峪组与下伏团山子组呈整合接触关系。下部为灰白、黄褐色中层粗粒石英砂岩、长石石英砂岩夹粉砂岩；中部以灰白、灰色中层硅质白云岩为主；上部为浅黄、灰白色石英岩、石英砂岩、粉砂岩、灰色硅质白云岩及泥质白云岩；顶部为灰、深灰色中 - 厚层硅质白云岩及白云质板岩。在密云区东智一带，底部出现一层安山岩。本组厚 67 ~ 285 m，含叠层石、锥叠层石等微古植物。

二、蓟县系（Jx 或 Pt^2_{2jx}）

蓟县系分为高于庄组、杨庄组、雾迷山组、洪水庄组以及铁岭组 5 个组。

1. 高于庄组（Jx*g* 或 Pt^2_{2g}）

高于庄组主要是滨海 - 浅海相白云岩，与上覆杨庄组为连续沉积，或为不明显的沉积间断。高于庄组与下伏大红峪组呈平行不整合接触关系，根据岩性特征，可分 4 段：第一段为灰白、浅灰、灰黑色厚 - 巨厚层硅质白云岩，含燧石条带，底部为白色厚层石英砂岩，厚 45 ~ 290 m；第二段为灰白、灰、灰黑色板状硅质含锰白云岩与中层硅质含锰白云岩互层，夹巨厚层硅质含锰白云岩，底部为含锰页岩，厚 50 ~ 274 m；第三段为灰白、灰黑色薄 - 中层白云岩，常呈页片状、板状，局部纹带构造发育，厚 111 ~ 393 m；第四段为浅灰、灰色中 - 厚层硅质白云岩和白云岩，含燧石团块及稀疏的燧石条带，夹含沥青质白云岩，厚 134 ~ 481 m。本组厚度巨大，岩性稳定，不但顶、底界线清楚，且 4 段岩性特征均较明显，易于区分。

2. 杨庄组（Jxy 或 Pt_{2y}^2）

杨庄组与下伏高于庄组呈整合接触关系。底部为白云质石英砂岩及砂质白云岩，有时见紫色泥质页岩、燧石团块白云岩及紫红色巨厚层白云岩；下部及中部为浅灰、浅紫红色中层含砂泥质白云岩及含砂白云岩，灰红、紫红、绿、黑及白色等彩色燧石，彩色燧石呈块状或透镜体状；上部为土黄色白云质砂岩、石英砂岩与青灰色结晶白云岩，后者含黑色燧石团块，厚 29 ~ 81 m。

3. 雾迷山组（Jxw 或 Pt_{2w}^2）

雾迷山组与下伏杨庄组呈整合接触关系。岩性以巨厚层燧石条带或团块状白云岩为主，是元古界中沉积最厚的一组，厚 204 ~ 3315 m。含有叠层石，如聚环叠层石。本组代表性剖面为昌平区德胜口—万娘坟—大宫门蓟县系高于庄组—雾迷山组剖面。

4. 洪水庄组（Jxh 或 Pt_{2h}^2）

洪水庄组与下伏雾迷山组呈整合接触关系。岩性以黑色页岩和含白云质页岩为主，有时夹白云岩透镜体，含砂岩质较多，有时见黄铁矿晶体，有的地区变质成为板岩或千枚岩。岩层厚度虽小，但岩性稳定，与上覆、下伏地层岩性不同，地貌上呈负地形。因与上、下地层均呈过渡关系，故其顶、底部时而出现白云岩夹层或透镜体，岩层厚 38 ~ 142 m。

5. 铁岭组（Jxt 或 Pt_{2t}^2）

铁岭组与下伏洪水庄组呈整合接触关系。本组在蓟县标准剖面上划分为两段：下段底部为中层砂岩，向上为页岩与含锰白云岩互层，上部以杂色页岩为主；上段下部为含锰白云岩与白云质灰岩，向上为巨大的叠层石礁体灰岩，顶部为白云质灰岩。本组富含叠层石，以蓟县叠层石出现数量最多，形态多为穹状，多分叉，总厚 333 m。

三、待建系（Pt_2^3）

待建系（Pt_2^3）属中元古界晚期，根据最新地层划分意见包含下马岭组（Pt_2^3x），蓟县该地层厚度 168 m，本组与下伏铁岭组呈平行不整合接触关系。由灰色、灰绿色、灰黑色页岩和粉砂岩组成一套岩石地层。底部见有赤（褐）铁矿扁豆体，铁质粉砂岩及底砾岩，中部夹有饼状泥灰岩，上部为灰黑色粉砂质页岩。

四、青白口系（Qb 或 Pt'_{3qb}）

青白口系分为龙山组、景儿峪组。

1. 龙山组（Qbl 或 Pt'_{3l}）

龙山组与下伏的下马岭组呈平行不整合解除关系，厚 20 ~ 191 m。底部为含砾粗石英砂岩；下、中部为灰白色薄 - 厚层石英砂岩（局部为长石石英砂岩），夹黄绿色页岩及粉砂岩，交错层理发育；上部为黄褐、灰绿色薄 - 中层含砾铁质石英砂岩及石英砂岩与粉砂岩互层含海绿石；顶部为暗紫、灰绿及黄绿色页岩。

2. 景儿峪组（Qbj 或 Pt'_{3j}）

景儿峪组与下伏龙山组呈整合解除关系，厚 76 ~ 204 m。底部为石英粗砂岩（含灰岩角砾），呈现沉积间断特点；下部为灰色中至厚灰层岩或白云质灰岩；中部为黄绿色薄层泥灰岩或白云质泥灰岩夹灰色灰岩透镜体；上部为灰白、灰黄、紫红、黄绿色薄层板状泥灰岩、白云质泥灰岩，致密细腻，具有泥质条带及缝合线构造。

实习区域还出露寒武系、奥陶系、石炭系、二叠系、三叠系和侏罗系地层，详见表3－1～表3－3。

表3－1 北京下古生界划分表

地层系统			主要化石组	厚度/m	岩性
系	统	层			
上覆地层 C_2					假整合
奥陶系	中统	上马家沟组 O_{2x}	珠角石、阿门角石	182	灰黑色厚层岩为主
		下马家沟组 O_{2x}	豆房沟角石、阿门角石	222	白云质灰岩为主
	中统	亮甲山组 O_{1l}	那三氏直录角石、满洲角石、枕角石	168～252	白云质灰岩、豹皮岩纹带状灰岩夹竹状灰岩
		冶里组 O_{1y}	小栉虫	46～93	泥质条带灰岩、豹皮灰岩、竹叶状灰及页岩
寒武系	上统	风山组 ϵ_{3f}	泰勒氏虫、方头虫、济南虫	79～97	竹叶状灰岩为主、泥质条带灰岩
		长山组 ϵ_{3c}	满苏虫、蒿里山虫、长山虫	29	竹叶状灰岩、泥灰岩、页岩
		崮山组 ϵ_{3g}	蝙蝠虫、蝴蝶虫	59	紫色竹叶状灰岩为主
	中统	张夏组 ϵ_{2z}	德氏虫、小裂头虫、青地虫	33～267	鲕状灰岩为主
		徐庄组 ϵ_{2x}	毕雷氏虫、盾壳虫	21～108	鲕状灰岩、紫色页岩、夹泥灰岩
	下统	毛庄组 ϵ_{1m0} 馒头组 ϵ_{1m}	山东盾壳虫、褶颊虫	50～185	紫红色页岩、砂质页岩
		昌平组 ϵ_{1c}	中华莱氏虫、古油栉虫	14～70	豹皮状灰岩
下伏地层 Z					假整合

表3－2 北京上古生界划分表

地层系统			主要化石组	厚度/m	岩性
系	统	层			
上覆地层 J					假整合
二叠系	上统 P_2	双泉组 P_{2s}	朝鲜羽羊齿、平安瓣轮叶、双泉大羽羊齿、东方栉羊齿	0～218	灰绿、紫色凝灰质板岩、砂岩、夹砂岩和砾岩
	下统组 P_1	红庙岭组 P_{1h}	多脉带羊齿、椭圆斜羽叶、剑瓣轮叶	729～172	肉红、浅绿色石英砂岩、夹粉砂岩、叶蜡石化页岩
石炭系	上统 C_3	太原组 C_{3t}	斜方鳞木、银边栉羊齿、脉羊齿、轮生楔叶	38～176	灰黑、黑色粉砂岩、页岩为主，夹有细砂岩、泥灰岩、右采煤1～3层
	中统 C_2	本溪组 C_{2b}	纺锤蜓、开平脉羊齿、大脉羊齿	40～85	海相灰绿色页岩为主，中、上部夹泥灰岩，底部有铝土矿层
下伏地层 O_2					假整合

表3-3 北京中生界划分表

地层系统				主要化石组	厚度/m	岩性
系	统	层				
上覆地层 E						不整合
白垩纪	下统	夏庄组 K_{1x}			585	砾岩、砂岩、上部为页岩
		芦尚坟组 K_{1l}			656	紫黄灰色页岩夹砾岩
		坨里组 K_{1t}			>306	厚层砾岩，不整合
侏罗纪	上统	辛庄组 J_{3x}			400	紫色砂岩、砾岩
		大灰厂组 J_{3dh}			16～123	黄、绿、黑色砂页岩
		东岭台组 J_{3d}			2823	流纹岩、安山岩，不整合
	中统	后城组 J_{zh}		锥叶蕨、新芦木	1400	凝灰质砂页岩、砾岩，假整合
		髫髻山组 J_{2t}			3731	火山碎屑岩、安山岩，假整合
		九龙山组 J_{2j}		披针苏铁杉	1520	凝灰质砂岩、夹砾岩，不整合
		门头沟群	龙门组 J_{2l}	锥叶蕨、似木贼新芦木	400	砂岩夹砾岩、含煤层，假整合
	下统		窑坡组 J_{1y}	亚洲枝脉蕨似罗汉松	298～381	砂页岩夹煤层
			南大岭组 J_{1n}	线银杏篦羽叶	767	玄武岩，假整合
			杏石口组 J_{1x}	亚洲枝脉蕨线银杏	85	砂岩，底部为砾岩
下伏地层		双泉组				假整合

第四节 地 质 构 造

一、断裂构造

岩石受构造运动作用，当所受的构造应力超过岩石强度时，岩石的连续性遭到破坏，产生断裂。按照断裂后两侧岩石沿断裂面有无明显的相位位移，又分为节理和断层两种类型。

1. 断层

断层是指岩石受力断开后，断裂面两侧岩层沿断裂面有明显位移时的断裂构造。按断层上下盘相对运动方向可分为正断层、逆断层和平移断层。断层的现场识别主要通过构造线标志、地层分布标志、伴生现象以及相应的地貌标志等手段；判断断层性质首先要确定断层面的产状，从而确定出断层的上、下盘，再确定上、下盘的运动方向，进而确定断层的性质。当地表不易判别断层面产状时，可采用钻探、物探等方式确定。断层破碎带岩石破碎，常夹有许多断层泥，断层附近的影响带节理裂隙发育，应尽量避免将工程建筑直接建在断层上或其附近。

实习区内断层主要分布在杨庄组与雾迷山组地层交界处（黄崖关断裂）、洪水庄与铁岭组地层交界处、温泉村采石场、军庄火车站南第一垭口（图3-17）。其中，黄崖关断层由3条分支断层组成，呈南北走向，既有正断层也有逆断层，此外还发育1条东西向断层；洪水庄组与铁岭组中地层交界处断层出露地层为蓟县系洪水庄组、铁岭组地层的页岩和石英砂岩，断层界面清晰，便于学习与观察；军庄火车站南第一垭口断层的地层为二、三叠纪页岩、砂岩。

图3－17　军庄火车站南第一垭口的断层

2. 节理

节理是没有明显相对位移的断裂构造，其产状可用走向、倾向和倾角进行描述。按成因可分为原生节理和次生节理，其中次生节理又分为构造节理和非构造节理；按力学性质可分为张节理、剪节理；按节理与岩层走向的关系可分为走向节理、倾向节理和斜交节理；按节理与褶皱轴的关系，可分为纵节理、横节理和斜节理。节理常把岩层分割成形状不同、大小不等的岩块，使岩体的稳定性降低。节理裂隙为大气和水进入岩体内部提供了通道，加速了岩石的风化和破坏，节理裂隙的存在会降低岩石的承载能力，节理裂隙常常造成边坡的坍塌和滑动，也能造成地下洞室围岩的塌落。实习过程中，我们将见到许多节理构造，如军庄火车站南第二垭口的玄武岩节理、常州沟组的砂岩节理、高于庄组的构造节理、小岭子村铁岭组的节理与团山子组地层的节理等。

二、褶皱构造

在构造运动作用下岩层产生的连续弯曲变形形态称为褶皱构造。褶曲是组成褶皱的基本单元，有背斜和向斜两种基本形式。按褶曲横剖面形态可分为直立褶曲、倾斜褶曲、倒转褶曲和平卧褶曲；按褶曲纵剖面形态可分为水平褶曲和倾伏褶曲。有时褶曲构造在空间不是呈单个背斜或单个向斜出现，而是以多个连续的背斜和向斜的组合形态出现，按其组合形态的不同可分为复背斜和复向斜、隔挡式与隔槽式。本次实习将见到妙峰山褶皱构造（图3－18），该褶皱最西侧是一个倒转的向斜构造，向东为一个背斜构造，之后又是一个向斜、背斜构造。

褶皱构造对工程的影响程度与工程类型及褶皱类型、褶皱部位密切相关，对于某一具

图3-18　妙峰山褶皱构造

体工程来说，所遇到的褶皱构造往往是其中的一部分，因此褶皱构造的工程地质评价应结合实际情况具体分析。在褶皱的翼部主要是单斜构造中倾斜岩层引起的顺层滑坡问题。倾斜岩层作为建筑物地基时，一般无特殊不良的影响，但对于深路堑、高切坡及隧道工程等则有影响。对于深路堑、高切坡来说，当路线垂直岩层走向，或路线与岩层走向平行但岩层倾向与边坡倾向相反时形成反向坡，就岩层产状与路线走向的关系而言，对边坡的稳定性是有利的；当路线与岩层走向平行且岩层倾向与边坡倾向一致时形成顺向坡，稳定性较差，特别是当边坡倾角大于岩层倾角且有软弱岩层分布在其中时，稳定性最差。对于隧道工程来说，从褶皱的翼部通过一般较为有利。如果中间有软弱岩层或软弱结构面时，则在顺倾向一侧的洞壁，有时会出现明显的偏压现象，甚至会导致支护结构的破坏，发生局部坍塌。

第五节　水文与工程地质

一、水文

北京市的主要河流有永定河、潮白河、温榆河、泃河和拒马河。永定河横贯本市西南部横切西山，蜿蜒而下；潮白河是流经北京市的第二大河，上游为潮、白两河，注入密云水库，出库后在河槽村汇合称潮白河。温榆河位于潮白河上游，发源于昌平区军都山一带。

根据地形地貌及成因，在平面上将第四系孔隙水系统划分为拒马河冲洪积扇孔隙水系统（Ⅰ区）、永定河冲洪积扇孔隙水系统（Ⅱ区）、北运河冲洪积扇孔隙水系统（Ⅲ区）、潮白河冲洪积扇孔隙水系统（Ⅳ区）、蓟运河冲洪积扇孔隙水系统（Ⅴ区）5个地下水系统区。大气降水是平原区第四系地下水的主要补给来源，地表水（河道、渠道水）、农田灌溉水入渗和人工回灌也是北京平原区地下水的主要补给来源。北京市是华北降雨量较多的地区，由于季风影响，降雨量集中的七八月经常出现暴雨，洪涝灾害屡屡发生。

天津素有九河下梢之称。天津市境内河流分属两大水系，即海河水系和蓟运河水系。其中海河水系由潮白河、永定河、大清河、子牙河、南运河五大支流组成，蓟运河水系由潮白河、蓟运河两大支流组成。这两支水系的河流作用形成了天津冲积平原，并在天津东部注入了渤海。天津市气候属温带季风型大陆性气候，降雨量自北向南递减。

山前平原以浅层全淡水为主，强富水区主要分布在山前平原中上部，州河两侧和箭杆河以北的蓟运河平原，山间盆地沙河、淋河冲积扇的上游。较富水区分布于山前平原东部和西部以及沙淋河冲积扇的中部。全淡水再补给能力强，虽开采量较大，但水位较浅，在多年均衡中水位保持稳定。天津的地下水流动系统，在山区和山前平原接受大气降水和地表水的补给，形成地下径流。从山前平原到滨海平原总体属地下水的径流区，并且从山前平原到滨海平原沿地下水的径流方向径流条件逐渐变差。

二、工程地质

北京地区第四纪以来由于受新构造运动的影响，山区不断抬升，平原强烈下降，并接受了巨厚的沉积物，在不同断裂活动影响和地理环境控制下，沉积厚度有明显的差异，形成几个不同的第四系沉积凹陷中心，如沙河—南口、顺义—天竺、平谷等。沙河—南口第四系沉积中心明显受南口—孙河断裂活动控制，第四系沉积物厚度达600 m以上；顺义—天竺第四系沉积中心沉积最大厚度约达600 m。平谷第四系沉积中心沉积厚度达500 ~ 600 m。

北京平原区除山前一带为坡积、洪积堆积物外，主要由永定河、潮白河、拒马河、大石河、泃河、错河等河流作用形成的冲洪积扇地相互连接而构成，其中以永定河和潮白河冲洪积扇最大（两扇相邻，互相交汇），几乎控制了整个平原地区。第四纪以来由于受新构造运动的影响，山区不断抬升，平原强烈下降，并接受了巨厚的沉积物，受不同断裂活动影响和地理环境限制，沉积厚度有明显的差异，形成几个不同的古盆地沉积中心，如沙河—南口凹陷、顺义凹陷、平谷凹陷等。第四系厚度变化的总体规律是从山前至平原逐渐增厚。

天津地区第四纪的构造活动继承了基底构造的格局，并控制了松散岩层的沉积韵律和厚度。以宝坻断裂为界分为南北两区。平原北部第四系新生界第四系在平原北部厚90 ~ 330 m，覆盖在中上元古界、下古生界、上生古界、中生界之上。下更新统仅在基底断陷盆地的青淀洼、太和洼和宝坻区西部分布，底界埋深300 ~ 330 m，顶界埋深227 m，主要为一套洪积、冲积物，底部岩性常为棕紫色砂砾石，厚40 m左右。中更新统底界埋深127 ~ 228 m，厚50 ~ 100 m。上段为湖沼相黏土、亚黏土，夹数层冲洪积相粗砂和中细砂，含少量软体动物残壳；下段为棕灰、棕黄、杏黄色亚黏土和亚砂土，夹数层冲积细砂或粉砂，底部有4 ~ 8 m灰黄色中粗砂，偶见软体动物残壳。上更新统底界埋深60 ~ 120 m，厚60 ~ 108 m，大体分为3个沉积旋回。各旋回自上而下为洪积、冲积、洼淀沼泽相沉积，岩性为褐黄、棕黄及灰色粗砂、中砂、细砂夹灰色黏土和黑灰色淤泥。全新统底界埋深6 ~ 20 m，下部为冲洪积中砂、细砂和粉砂；上部为灰色、黄灰色亚黏土和黏土。

第六节　人文地理条件

北京市简称京，历史上也称为燕京、北平，是中华人民共和国首都，也是全国政治中心、文化中心。截至2022年，北京下辖16个区，总面积16410.54 km^2，人口2184.3万（2022年常住人口），主要有汉、回、满、蒙古等民族。

天津市简称津，历史上也称为津沽、津门和天津卫，是中国北方对外开放门户、航运中心、物流中心和现代制造业基地。截至2022年，天津市下辖16个区，总面积11966.45 km^2，人口1363万（2022年常住人口）。

一、人文历史

北京是一座历史悠久的古城。远在70万至50万年前，早期人类“北京猿人”就在房山地区周口店等地繁衍生息。商周时期为蓟国都城，燕国灭蓟后迁都蓟城，从此“燕京”之名流传至今。1153年，金朝设中都，是为北京建都之始，开始了北京作为全国政治中心的历史。

天津市是国家历史文化名城。天津地区在商周时期即有人类居住，在战国时属燕国，自古为漕运要地。唐朝中叶以后成为南方粮、绸北运的水陆码头；金朝在直沽设“直沽寨”；元朝设“海津镇”，是军事重镇和漕粮转运中心。1402年，朱棣把“直沽”这个曾经的“天子渡河之地”赐名为天津；明永乐二年十一月二十一日（1404年12月23日）天津正式筑城，是中国古代唯一有确切建城时间记录的城市。

京津地区历史悠久、文化灿烂，人文底蕴深厚。

二、交通网络

北京市是全国铁路、民航主要枢纽之一。北京市境内有京九铁路等8条主要铁路干线和京沪高铁等4条高速铁路，以及首都国际机场和大兴国际机场等机场。天津是京沪铁路、津山铁路两大传统铁路干线以及京沪高速铁路、京津城际铁路、津秦客运专线、津保客运专线等高速铁路的交汇处，是北京通往东北和上海方向的重要铁路枢纽。天津有天津滨海国际机场、天津塘沽机场等机场。天津滨海国际机场是中国主要的航空货运中心之一，定位为区域航空枢纽。

天津港是中国最大的人工深水港，吞吐量居世界前列，服务和辐射京津冀及中西部地区的14个省市自治区，总面积近500万 km^2，占全国陆地面积的52%，航线通达世界180多个国家和地区的500多个港口。

京津地区交通便利、四通八达，从该区域内出发能迅速便捷抵达国内外绝大多数城市和地区。

三、文化艺术

特定的历史环境孕育出了独特的燕赵文化。金、元杂剧兴盛于此，近代的独具燕赵风韵的多种曲艺形式起源于此，深受观众喜爱。天津被称为北方“曲艺之乡”，极富地方特色的京剧、京韵大鼓、相声、评书、快板书等曲艺形式在京津地区甚至全国流行。京津地区还是中华武术的摇篮之一，是“南拳北腿”之“北腿”的故乡，自古就尚武成风，逢年过节常会进行武术表演。另外，本区还包括有杂技马戏、舞蹈、皮影、剪纸、石雕、泥人、草编、陶瓷等丰富的民间艺术。

四、文化古迹

北京在历史上曾为六朝都城，在从燕国起的2000多年里陆续建造了许多宫廷建筑，使北京成为中国拥有帝王宫殿、园林、庙坛和陵墓数量最多的城市。北京故宫原为明、清两代的皇宫，建筑宏伟壮观，完美地体现了中国传统的古典风格和东方格调，是中国乃至全世界现存最大的宫殿，也是中华民族宝贵的文化遗产。此外，北京市还有天坛、北海公园、颐和园、圆明园、八达岭长城、慕田峪等名胜古迹。北京市共有文物古迹 7309 项，99 处全国重点文物保护单位（含长城和京杭大运河北京段）、326 处市级文物保护单位、5 处国家地质公园、15 处国家森林公园。

天津是中国近代接受西方文化最早的城市之一，中西合璧、古今交融的城市文化成就了独具特色的历史风貌建筑。天津是一座历史文化名城，拥有国家级非物质文化遗产 33 个，完整保存着 877 座历史风貌建筑，被称为“万国建筑博览会”。

五、宗教信仰

北京、天津现有宗教活动场所达 180 多处，信仰的宗教主要是佛教、道教、伊斯兰教、天主教、基督教，其中佛教、道教和伊斯兰教对京津地区的历史、文化、艺术产生过较大的影响。

六、民俗特产

京津地区历史文化悠久，生产的民俗工艺品和特产也历史久远，品种多样，深受国内外旅游者的喜爱。京津地区主要民俗特产包括玉雕、牙雕、景泰蓝、金漆镶嵌、内面壶、风筝、杨柳青版画、吹糖人、捏面人等；名菜和风味小吃有北京烤鸭、仿膳宫廷菜、北京涮羊肉、蜜饯果脯、小窝头、茯苓饼、六必居酱菜、狗不理包子、耳朵眼炸糕、十八街麻花等。

第四章　京津野外地质认识实习教学路线

第一节　天津蓟县路线

天津蓟县路线位于天津市蓟州区的北部山区，该路线现存一条中上元古界地质剖面，从下营常州村至城北府君山，沿北东至南西方向鱼鳞瓦脊般层层叠覆，真实地记录着地球演化距今约18亿—8亿年间的地质演化史，赋存着反映当时的古地理、古气候、古生物、古构造、古地磁等大量自然信息以及多种金属、非金属矿产资源。

对这条中上元古界地质剖面的研究已有很长的历史，自1934年由地质学家高振西先生发现并研究以来，便成为我国北方这一时期地层的代表性剖面。1959年全国地层会议明确将其确定为我国中上元古界标准剖面。

中上元古界地层总厚度9197 m，由老到新划分为长城系、蓟县系、待建系和青白口系，包括12个组105个地层单元，地层系统简表见表4－1。该剖面以其岩层齐全、出露连续、保存完好、顶底清楚、构造简单、基本未变质和古生物化石丰富等得天独厚的特色而闻名于世。

表4－1　蓟县路线地层系统简表

地层系统			年龄/Ma	厚度/m
上元古界 Pt_3	青白口系 Pt_{3qb}^1	景儿峪组 Pt_{3j}^1	780	203
		龙山组 Pt_{3l}^1		80～140
中元古界 Pt_2	待建系 Pt_2^3	下马岭组 Pt_{2x}^3	1000	160
	蓟县系 Pt_{2jx}^2	铁岭组 Pt_{2t}^2	1400	325
		洪水庄组 Pt_{2h}^2		131
		雾迷山组 Pt_{2w}^2		3416
		杨庄组 Pt_{2y}^2		773
		高于庄组 Pt_{2g}^2		1530
	长城系 Pt_{2ch}^1	大红峪组 Pt_{2d}^1	1600	451
		团山子组 Pt_{2t}^1		522
		串岭沟组 Pt_{2ch}^1		220～1167
		常州沟组 Pt_{2c}^1	1800	536～921
太古界 Ar_2qx			2500	

中上元古界地质剖面在区域地层对比、生命的形成和进化、地球的演变、古地理环境、前寒武地质以及古生物科学等方面研究都具有重大的科学研究价值。1984年，国务院批准建立国家级自然保护区，填补了我国地质类保护区的空白。蓟县路线实习点位和观察地层对应关系如图4－1所示。

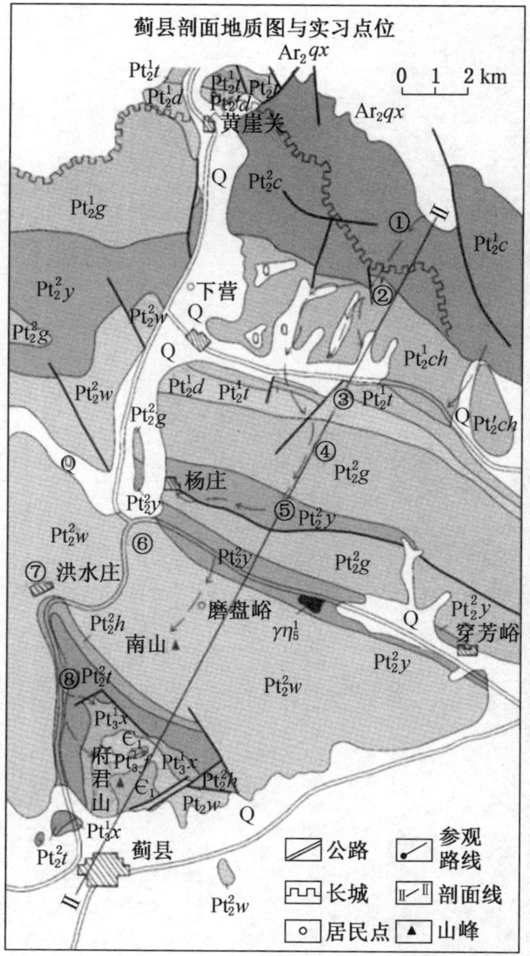

典型地层实习观察点位列表

序号	主要观察地层	点位编号	位置
①	常州沟组	JX 001	常州村
②	串岭沟组	JX 002	青山岭
③	团山子组	JX 003	桑树庵
④	大红峪组	JX 005	桑树庵
⑤	高于庄组	JX 008	桑树庵
⑥	杨庄组、雾迷山组	JX 009	罗庄子
⑦	洪水庄组	JX 013	洪水庄
⑧	洪水庄组、铁岭组	JX 011	小岭子村

说明：
表中第一列序号为左边两图中点位序号，点位编号为实习路线中点位编号，位置为观察点位所在位置名称

图 4－1　蓟县路线实习点位和观察地层对应关系

一、教学内容

（1）掌握地层层序的基本概念，建立地质时空观和思维观。

（2）掌握中上元古界地层的基本特征，了解常州沟组、串岭沟组、团山子组、大红峪组、高于庄组、杨庄组、雾迷山组、洪水庄组以及铁岭组地层的基本组成和分布特征。

（3）熟悉野外记录本、地质罗盘、放大镜、地质锤、照相机以及 GPS 的使用。

（4）掌握三大岩类的基本特征，并熟悉野外鉴别的方法。

（5）掌握断裂构造的识别标志。

（6）理解断裂带的工程地质意义。

（7）掌握岩溶现象的发育特征、溶洞的形成机理及其工程地质问题。

二、主要教学点

点号：JX 001。

点位：常州沟村村口。

点性：常州沟组地层观察点。

描述：①介绍蓟县中上元古界标准地层剖面（图 4－2）；②常州沟组地层的基本特征；③常州沟组地层斜层理的观察、识别（图 4－3）；④常州沟组石英砂岩、砂砾岩岩性观察、识别；⑤野外记录本、地质罗盘、放大镜、地质锤等的使用。

图 4－2　长城系与太古宇地层分界

图 4－3　常州沟斜层理

点号：JX 002。

点位：九山顶－青山岭分道口标识牌边。

点性：串岭沟组地层观察点。

描述：①串岭沟组地层的基本特征（图 4－4）；②串岭沟组页岩岩性观察、识别；③崩塌工程的治理与防护。

图4-4　串岭沟组页岩

点号：JX 003。

点位：中上元古界景区界碑南200 m。

点性：团山子组地层观察点。

描述：①团山子组地层的基本特征；②白云岩岩性描述（颜色、矿物成分、结构、构造）（图4-5）；③岩层产状测量（至少测3组，取平均），节理裂隙产状测量（至少10条）；④泥裂现象的观察与分析（图4-6）。

图4-5　团山子组白云岩地层

图4-6　泥裂

点号：JX 004。

点位：团山子组与大红峪组地层分界界碑处。

点性：大红峪组地层观察点。

描述：①大红峪组地层的基本特征（图4－7）；②石英岩状砂岩岩性分析（颜色、矿物成分、结构、构造）；③地层接触关系分析。

图4－7　团山子组与大红峪组分界地层

点号：JX 005。

点位：团山子组与大红峪组地层分界界碑南500 m。

点性：火山角砾岩观察点。

描述：①火山角砾岩岩性分析（颜色、矿物成分、结构、构造）（图4－8）；②火山角砾岩及围岩成分的分析；③火山岩块的分类（图4－9）。

图4－8　火山角砾岩

图4－9　火山熔岩

点号：JX 006。

点位：团山子组与大红峪组地层分界界碑南 1000 m。

点性：火山熔岩观察点。

描述：①火山熔岩的基本特征（颜色、矿物成分、结构、构造）；②气孔、杏仁构造的成因、基本特征。

点号：JX 007。

点位：大红峪组与高于庄组地层分界处北 50 m。

点性：波痕观察点。

描述：①波痕构造的特征、形成机理（图 4 – 10）；②波痕构造特征与波浪波长、水流方向的关系；③浪成波痕与风成波痕的异同（图 4 – 11）。

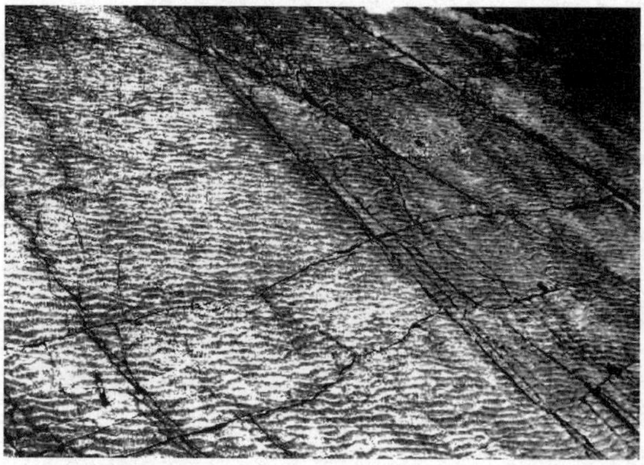

图 4 – 10　波痕

图 4 – 11　大红峪组与高于庄组分界

点号：JX 008。

点位：大红峪组与高于庄组地层分界处。

点性：地层分界点（长城系与蓟县系分界）、高于庄组地层观察点。

描述：①高于庄组地层的基本特征；②白云岩、白云质灰岩岩性描述（颜色、矿物成分、结构、构造）；③地层接触关系分析。

点号：JX 009

点位：罗庄子小学东 100 ~ 500 m。

点性：地层、岩性观察点，断裂构造识别点。

描述：①杨庄组、雾迷山组地层基本特征；②黄崖关断层的基本特征及其活动性；③断层野外识别标志（图 4 – 12）；④活断层的判别；⑤断裂构造的工程地质问题；⑥侵入岩脉特征分析（图 4 – 13）；⑦绘制黄崖关断裂的信手剖面图和辉绿侵入岩脉的素描图。

图4－12　侵入岩脉

图4－13　断裂形成垭口

点号：JX 010。

点位：杨庄水库坝下河谷区。

点性：风化作用观察点。

描述：①杨庄组地层的基本特征；②差异风化作用；③大坝与工程地质问题。

点号：JX 011。

点位：小岭子村。

点性：洪水庄组、铁岭组地层观察点。

描述：①洪水庄组、铁岭组地层的岩性、矿物成分、结构、构造、产状特征（图4－14）；②洪水庄组与铁岭组间断层的识别与判别；③绘制洪水庄组、铁岭组地层信手剖面图；④古喷气孔构造（图4－15）；⑤铁岭组叠层石。

图4－14　铁岭组灰岩页岩互层

图4－15　铁岭组中古喷气口结构

点号：JX 012。

点位：白滩河大桥。

点性：河流地质作用观察点。

描述：①河谷地貌类型的基本特征和野外识别（图 4－16）；②外动力地质作用类型；③第四纪松散沉积物分类；④河流冲积物的特征分析、“二元”结构的形成机理；⑤绘制河流冲积物定向排列和“二元”结构特征素描图。

点号：JX 013。

点位：蓟州大溶洞。

点性：岩溶现象观察点。

描述：①岩溶现象发育的条件、规律（图 4－17）；②岩溶地貌的基本特征和形成机理；③岩溶地区的工程地质问题。

图 4－16　白滩河河床与不对称阶地

图 4－17　蓟州大溶洞中岩溶形成的“龙床”

第二节　北京西山路线

北京境内的西部山区统称北京西山，属太行山的余脉。北京西山的北界为居庸关的关沟，关沟为燕山与太行山脉的分界线，东侧为燕山山脉，西侧为太行山脉；北京西山的南界是房山区与河北省涞水县的边界。北京西山包括了门头沟全境和房山、石景山、海淀、昌平等区的部分山地。

从 19 世纪中期开始，外国地质学家就开始了对北京西山的地质考察。1916 年 8 月，在章鸿钊、丁文江、翁文灏以及瑞典人安特生的指导下，13 名中国培养的第一批地质专业学生对北京西山进行了较系统的地质调查，绘制了第一批 1∶5 万北京西山地质图（出版时缩小为 1∶10 万），编写了第一本主要由中国地质工作者完成的中英文版《北京西山地质志》，并于1920 年正式出版。这项主要由中国人完成的地质调查成果标志着中国地质调查工作的正式开始。此后，北京西山成为中国地质学家最多关注和考察的地方，也是中国最早培养地质人才和开展地质研究的基地。

北京西山的地层有元古界、古生界、中生界和新生界地层，包括蓟县系、寒武系、奥陶系、石炭系、二叠系、侏罗系和第四系，缺失泥盆系、三叠系、志留系和白垩系等地层。中生代以来发生多期次构造变形，出露出多处典型的褶皱构造，如百花山向斜、髫髻山—妙峰山向斜、北岭向斜等。

本条路线主要的地质点位于海淀温泉村、门头沟军庄火车站铁路沿线和门头沟妙峰山镇，开展岩性、构造和工程地质相关地质现象认识和分析。门头沟境内的地质遗迹众多，华北地区代表性的地层绝大部分在门头沟境内有出露；现今流行的许多地质名词是在门头沟境内首先研究并根据门头沟的地名命名的，如青白口（地层）、下马岭（页岩）、马兰（黄土）、窑坡组（含煤地层）、髫髻山（火山岩）、芹峪（运动）等。

一、教学内容

（1）进一步掌握褶皱构造的识别标志，学会基本要素的描述。

（2）进一步建立地层层序的基本概念、地质的时空概念。

（3）进一步掌握三大岩类的野外识别，学会岩性的描述。

（4）了解隧道围岩的工程地质问题。

（5）绘制信手剖面图和地质素描图。

二、主要教学点

点号：BJXS 001。

点位：斜河涧妙峰山。

点性：褶皱构造观察点。

描述：①奥陶系 O_2 石灰岩中发育倒转向斜和箱形背斜；②岩层中发育横向裂隙并被方解石充填（冷脉）；③褶皱地区的工程地质问题（图 4－18）；④线状工程的选线原则。

图 4－18　妙峰山镇褶皱

点号：BJXS 002。

点位：军庄火车站北 300 m。

点性：岩性观察点。

描述：①石炭系（C_{2+3}）炭质页岩、粉砂质泥岩、泥质砂岩（颜色、成分、结构、构造、工程性质）；②二叠系（P）砂岩、砾岩（颜色、成分、结构、构造、工程性质）。

点号：BJXS 003。

点位：军庄火车站南第一垭口。

点性：岩性观察点、断层观察点。

描述：①二叠系细砾岩、砂岩、泥岩、页岩：颜色、成分、结构、构造、工程性质（图4－19）；②二叠系中的断层：砂岩、泥质岩中的小规模正断层，标志层为黄褐色泥质岩；③绘制断层所处岩层信手剖面图。

图4－19　军庄火车站南第一垭口泥岩砂岩

点号：BJXS 004。

点位：军庄火车站南第二垭口。

点性：岩性观察点、工程地质问题观察点。

描述：①侏罗系玄武岩：颜色、成分、结构、构造、节理（图4－20）；②工程岩体边坡治理；③隧道围岩支护。

点号：BJXS 005。

点位：温泉村采石场西（山腰）。

点性：岩性观察点、地层接触关系观察点。

描述：①奥陶系中统（O_2）石灰岩中经接触变质作用形成大理岩；②大理岩中见花

图4－20 军庄火车站南第二垭口玄武岩

岗岩脉侵入（岩脉颜色、成分、结构、宽度等）(图4－21)；③花岗侵入岩脉的侵入期次、相互之间的接触关系。

点号：BJXS 006。

点位：温泉村采石场（山顶）。

点性：岩性观察点、构造观察点。

描述：①大理岩特征描述：颜色、成分、结构、构造、产状（图4－22)；②岩体中断层识别与性质判别；③岩脉侵入与断层发生先后关系，断层两盘上的次生构造。

图4－21 温泉村花岗岩

图4－22 采石场大理岩岩层

第三节 北京周口店路线

周口店位于北京西南部，属于北京市房山区周口店镇。周口店位于华北平原与燕山山脉交接地带，周口店地区属于低山丘陵区。

周口店地区地质调查工作始于19世纪末期，1912年12月2日裴文中发现了完整的北京猿人头骨化石，使周口店闻名于世。从20世纪20年代开始，周口店地区开展了多次综合性地质调查，产出了大量的调查和研究成果，中国地质大学（北京）和中国地质大学（武汉）先后在周口店设立了地质教学实习基地。

周口店地区及其所在的房山区出露有丰富的地质现象和遗迹，周口店有“北京人”和“山顶洞人”遗址、官地村花岗岩体，房山区还有石花洞、银狐洞、十渡景区、上方山的岩溶漏斗和九洞十二峰。这些地质遗迹与河北的白石山、野三坡等组合在一起，在2006年共同构成了房山世界地质公园。

本路线主要的地质点位于周口店龙骨山、官地村和上黄院，开展岩性、古生物遗迹和工程地质相关地质现象认识和分析。

一、教学内容

（1）熟悉变质作用、变质岩的分类以及变质岩的描述。

（2）了解岩质边坡的稳定性问题。

（3）掌握岩溶现象的发育特征、落水洞的形成机理及其工程地质问题、岩溶作用的差异性风化。

（4）掌握花岗岩的基本特性和描述方法，以及花岗岩的球状风化。

（5）掌握外动力地质作用（风化作用）对岩体工程地质性质的影响。

（6）了解岩质滑坡群的形成过程和野外鉴别，以及它对工程的影响。

（7）掌握褶皱构造的识别标志，学会基本要素的描述方法。

（8）能绘制滑坡群、褶皱的信手剖面图。

（9）了解周口店地质背景和周口店猿人遗址基本情况。

二、主要教学点

点号：ZKD 001。

点位：上黄院采石场。

点性：变质岩岩性观察点。

描述：①变质作用；②变质岩分类；③变质岩的描述（成因、颜色、矿物成分、结构、构造等）；④岩质边坡工程稳定性。

点号：ZKD 002。

点位：上黄院东山梁垭口。

点性：岩溶现象观察点。

描述：①岩溶现象描述；②落水洞的形成机理及其工程地质问题；③岩溶作用的差异性风化；④绘制落水洞素描图。

点号：ZKD 003。

点位：周口店遗址（博物馆）。

点性：周口店猿人情况考察点。

描述：①了解周口店猿人的基本情况；②了解古生物学在地质学中的应用。

点号：ZKD 004。

点位：官地村花岗岩地质公园。

点性：花岗岩岩性观察点。

描述：①周口店地区的地质背景；②花岗岩岩性分析（颜色、矿物成分、结构、构造）；③花岗岩的球状分化（图4－23、图4－24）；④风化作用的分级、风化壳；⑤花岗岩体的工程地质特性。

图4－23　周口店官地花岗岩体的风化面

图4－24　周口店官地花岗岩的大型球状风化

点号：ZKD 005。

点位：煤炭沟。

点性：褶皱构造观察点。

描述：①掌握褶皱构造的识别，学会基本要素的描述；②褶皱形成机理、力学分析；③绘制褶皱构造素描图。

点号：ZKD 006。

点位：周口河东侧滑坡群。

点性：岩质滑坡观察点。

描述：①滑坡的基本概念；②滑坡的形成机理以及与崩塌的区别；③滑坡（群）的野外识别（图4－25）；④滑坡（群）的工程地质问题；⑤滑坡稳定性分析和工程治理措施；⑥绘制滑坡群素描图。

图4－25　周口河边斜坡滑坡群

第四节　北京十三陵路线

十三陵水库位于北京市昌平区境内，在十三陵盆地的东南，距北京市中心 40 km。十三陵水库是 1958 年初开始修建的，于当年 6 月 30 日建成。十三陵水库面积是颐和园昆明湖的 20 倍，总蓄水量为 6000 多万立方米。水库大坝建在蟒山和汉包山之间，为斜墙式，总长 627 m，高 29 m，底宽 179 m，顶宽 7. 5 m。整个枢纽由黏土斜墙土坝、开敞式岸边溢洪道、坝内放水管和水电站组成。土坝最大坝高 29 m，坝上游有长 30 m、厚 1 ~ 3 m 的黏土铺盖。大坝上游用花岗岩、下游用紫色安山岩砌护坡，下游坝面坡度为 1：2，上游坝面坡度由河床起至 8. 65 m 高程为 1：5，再往上至坝顶坡度为 1：3。大坝外坡上有毛泽东主席亲笔题写的“十三陵水库”五个大字，用汉白玉石块镶砌于紫色的安山岩护坡上，十分壮观。因干旱少雨，水库蓄水量越来越少，1984 年将延庆县白河堡水库的水引来，使十三陵水库重振雄姿。补水工程完工后，水面宽阔如初，水质清澈碧绿。

本条路线重点认识水库的工程地质问题，并结合实际考察火山碎屑岩及典型岩石，共设 3 个观察点，路线步行单程约 1 km。路线距学校约 75 km，需提前驱车前往，到达目的地后先徒步登上汉包山顶，可一窥水库全貌（图 4 – 26）。之后沿着大坝一侧的景区公路进行观察。

图 4 – 26　十三陵水库及汉包山全景

一、教学内容

（1）观察十三陵水库右岸公路旁岩石的结构和构造，加深对火山熔岩与集块岩、火山角砾岩、凝灰岩及层火山角砾岩、层凝灰岩在结构构造、成因方面的区别。

（2）掌握水利枢纽的构成及其工程地质问题。

（3）以水库右坝肩下游公路剖面的断层为例，从构造岩、低序次构造等特点讨论张性断层构造形迹的特征。

（4）练习绘制地质构造素描图

二、主要教学点

点号：SSL 001。
点位：汉包山山顶。
点性：库区全景观察点。

观察及描述内容：①观察十三陵水库全貌；②了解水利枢纽的概念与挡水建筑物的分类；③水库选址原则以及需注意的工程地质问题；④了解十三陵水库的主要工程地质问题。

点号：SSL 002。
点位：十三陵水库右坝肩。
点性：坝肩岩体观察点。

观察及描述内容：①观察坝肩岩性（安山岩）；②岩体结构基本特征描述；③认识岩体结构分类及质量分级影响因素；④了解坝肩边坡稳定性问题。

点号：SSL 003。
点位：十三陵水库右坝肩。
点性：岩性及小型褶皱观察点。

观察及描述内容：①观察火山集块岩并对其岩性进行描述；②观察灰岩与泥岩互层构造特征；③观察小型褶皱，对其成因进行分析，并练习绘制素描图；④对坝肩岩性与水库工程问题的关系探讨。

第五节　北京顺义二十里长山路线

北京顺义二十里长山位于华北大平原的北缘、燕山山脉东段南缘山麓，顺义区和平谷区交界处，为平谷盆地西侧的一列侵蚀残丘，山丘呈线性散列分布，走向东西，东北一侧的平原上有两小列走向一致的残丘，由元古界蓟县系白云岩构成，附近产大理石。西南一带为京东煤矿区。四周被新生代第四纪地层所覆盖，突兀屹立在华北大平原北缘的平原中，属低山丘陵区，海拔为100～200 m，最高为213.2 m。由北西庞山到南东吴雄寺，区域上绵延起伏，呈北西向断续链状斜列分布的基岩残丘。主要由寒武系和奥陶系地层组成。其独特的地貌和构造走向，在华北乃至全国其他地方极为罕见。

本条路线重点加深学生对岩溶现象及断裂构造的印象，共设1个观察点，路线步行约200 m，岩土各类地质现象较为典型，主要对二十里长山附近采石场挖掘出的山体剖面进行观察。

二十里长山主要发育早古生代寒武系、奥陶系地层，岩层裸露，风化较强烈。其下伏地层为中元古代蓟县系雾迷山组碳酸盐岩沉积，因第四纪地层覆盖未直接见及，仅依据钻孔资料确定。上覆地层为新生代第四纪松散沉积物堆积。寒武系地层：馒头组岩性主要为紫红色粉砂质泥岩，夹灰岩、白云岩；张夏组岩性主要为粉砂岩、鲕粒灰岩夹泥质条带灰岩和竹叶状灰岩；炒米店组岩性主要为竹叶状灰岩、泥质条带灰岩夹薄层粉砂岩。奥陶系地层：冶里组岩性主要为豹皮状灰岩、泥纹（晶）灰岩夹竹叶状砾屑灰岩和页岩；亮甲山组岩性主要为燧石团块白云岩、白云质灰岩、白云岩；马家沟组岩性主要为灰岩、角砾状灰岩、角砾状白云岩组合。

二十里长山寒武系、奥陶系地层是早古生代加里东期地壳运动形成的产物。由于地壳运动致使陆地不断抬升，海相沉积范围不断缩小，并受基底构造控制明显，使形成的沉积建造长轴方向与基底构造长轴方向基本一致。二十里长山寒武系、奥陶系地层主要是在这种构造演化机制下形成的。伴随着加里东期地壳运动的进行，进入志留纪时期，华北处于地壳隆升阶段，海退范围广阔，直至晚古生代石炭纪晚石炭世华力西期构造运动中期才接受海陆交互相沉积，在华北等地形成了海陆交互相沉积地层。二十里长山北西向断裂带和其附近大孙各庄北西向隐伏向斜就是在这样的构造背景下（即北东—南西向挤压应力作用）形成的。前者穿切奥陶纪地层，走向 315°～320°，倾向北东或南西，倾角 50°～70°。断面一般较平直，略显舒缓波状，延伸较大，长约 20 km。断裂带性质以压剪性为主。燕山晚期地壳运动在二十里长山未留下明显的地质踪迹。进入新生代第四纪喜山期地壳运动以来，二十里长山断裂带继续活动，主要表现为第四纪沉积厚度的变化上，在该山脉南西一侧，由北东向南西沉积厚度逐渐增厚（由 100 m 至 300 m），从而说明该断裂带活动使北东盘上升，而南西盘下降且幅度较大。此外，该断裂带两侧分布的丰富含水层及该区地震（2～4 级）频发，都表明该断裂带属长期活动性断裂带。二十里长山的形成与演化明显受基底构造控制，其显著的构造演化由中生代晚三叠世印支期到侏罗纪燕山期，直至新生代第四纪喜山期，一直在活动、延续，进而铸就了当今的地貌地势。

一、教学内容

（1）观察采石场开采后的山体坡面，加深对断层的识别。

（2）观察落水洞在形成过程中不同时期的特点及其对工程的影响。

（3）进一步认识风暴碎屑岩、灰岩及波痕。

图 4－27 寒武系竹叶状灰岩

二、主要教学点

点号：SYYJ 001。

点位：二十里长山南端。

点性：岩溶现象观察点、断裂构造观察。

观察及描述内容：①石灰岩辨识，观察落水洞的形成；②风暴碎屑岩的结构特征、形成机理（图4－27）；③断层和节理的工程地质性质；④节理与裂隙的水文地质及工程地质意义；⑤近断层区域选址和断层避让问题。

附录 I 地质年代简表

地质时代、地层单位及其代号				同位素年龄(Ma)		构造阶段		生物演化阶段			中国主要地质、生物现象
宙(宇)	代(界)	纪(系)	世(统)	时间间距	距今年龄	大阶段	阶段	动物		植物	
显生宙(PH) Phanerozoic	新生代(Kz) Cenozoic	第四纪(Q) Quaternary	全新世(Qh)	约2-3	0.012	联合古陆解体	喜马拉雅阶段(新阿尔卑斯阶段)	人类出现	无脊椎动物继续演化发展	被子植物繁盛	
			更新世($Q_1Q_2Q_3/Q_p$)		2.48(1.64)						冰川广布，黄土生成
		第三纪(R) Tertiary 晚第三纪(N)	上新世(N_2)	2.82	5.3			哺乳动物繁盛			西部造山运动，东部低平，湖泊广布
			中新世(N_1)	18	23.3						
		早第三纪(E)	渐新世(E_3)	13.2	36.5						哺乳类分化
			始新世(E_2)	16.5	53						蔬果繁盛，哺乳类急速发展
			古新世(E_1)	12	65						(我国尚无古新世地层发现)
	中生代(Mz) Mesozoic	白垩纪(K) Caretaceous	晚白垩世(K_2)	70			燕山阶段(老阿尔卑斯阶段)	爬行动物繁盛		裸子植物繁盛	造山作用强烈，火成岩活动矿产生成
			早白垩世(K_1)		135(140)						
		侏罗纪(J) Jurassic	晚侏罗世(J_3)	73							恐龙极盛，中国南山俱成，大陆煤田生成
			中侏罗世(J_2)								
			早侏罗世(J_1)		208						
		三叠纪(T) Triassic	晚三叠世(T_3)	42		联合古陆形成	印支—海西阶段：印支阶段				中国南部最后一次海侵，恐龙哺乳类发育
			中三叠世(T_2)								
			早三叠世(T_1)		250						
	古生代(Pz) Palaeozoic 晚古生代(Pz_2)	二叠纪(P) Permian	晚二叠世(P_2)	40			海西阶段	两栖动物繁盛		蕨类植物繁盛	世界冰川广布，新南最大海侵，造山作用强烈
			早二叠世(P_1)		290						
		石炭纪(C) Carboniferous	晚石炭世(C_3)	72							气候温热，煤田生成，爬行类昆虫发生，地形低平，珊瑚礁发育
			中石炭世(C_2)								
			早石炭世(C_1)		362(355)						
		泥盆纪(D) Devonian	晚泥盆世(D_3)	47				鱼类繁盛		裸蕨植物繁盛	森林发育，腕足类鱼类极盛，两栖类发育
			中泥盆世(D_2)								
			早泥盆世(D_1)		409						
	早古生代(Pz_1)	志留纪(S) Silurian	晚志留世(S_3)	30			加里东阶段	海生无脊椎动物繁盛		藻类及菌类繁盛	珊瑚礁发育，气候局部干燥，造山运动强烈
			中志留世(S_2)								
			早志留世(S_1)		439						
		奥陶纪(O) Ordovician	晚奥陶世(O_3)	71							地热低平，海水广布，无脊椎动物极繁，末期华北升起
			中奥陶世(O_2)								
			早奥陶世(O_1)		510						
		寒武纪(∈) Cambrian	晚寒武世($\in_3$)	60							浅海广布，生物开始大量发展
			中寒武世($\in_2$)								
			早寒武世($\in_1$)		570(600)			硬壳动物繁盛			
元古宙(PT) Precambrian	元古代(Pt) Proterozoic 新元古代(Pt_3)	震旦纪(Z/Sn) Sinian		230	800			裸露动物繁盛		真核生物出现(绿藻)	地形不平，冰川广布，晚期海侵加广
		青白口纪		200	1000	地台形成	晋宁阶段				沉积深厚造山变质强烈，火成岩活动矿产生成
	中元古代(Pt_2)	蓟县纪		400	1400						
		长城纪		400	1800						
	古元古代(Pt_1)			700	2500		吕梁阶段				
太古宙(AR) Archaean	太古代(Ar) Archaeozoic 新太古代(Ar_2)			500	3000					原核生物出现	早期基性喷发，继以造山作用，变质强烈，花岗岩侵入
	古太古代(Ar_1)			800	3800	2800 陆核形成		生命现象开始出现			
冥古宙(HD)					4600						地壳局部变动，大陆开始形成

记忆口诀：新生早晚三四纪　六千万年喜山期
中生白垩侏叠三　燕山印支两亿年
古生二叠石炭泥　志留奥陶寒武系
震旦青白蓟长城　海西加东到晋宁

附录Ⅱ　实习报告编写要求与样例

一、室内工作整理和报告编写要求

野外收集的原始记录在回到基地以后应当及时进行室内整理。室内整理的任务是补充因为天气的突然变化没有来得及记录的部分内容，查找是否有漏记、错记，及时补充或修正。室内整理时，补充、修正的记录只能记在左侧或右侧的批注栏内，并注明“补充”或“修正”等字，避免与描述正文混淆。此外，室内整理时还要把野外记录本上记录的产状、标本、岩层厚度等数据记录和地质素描图全部上墨。上墨的方法是用绘图笔蘸绘图墨水或用碳素墨水笔按野外的铅笔线条逐一填写或色绘，以便永久保存。

实习报告整理注意事项如下：

（1）目录页的页码：Ⅰ、Ⅱ、Ⅲ，页脚居中；

（2）目录到2级标题；

（3）1级标题居中，其他级标题顶格写；

（4）1级标题（章）另起页；

（5）正文页码：1、2、3，页脚居中；

（6）图名、表名按章编号，如图1－1、图1－2，表1－1、表1－2；

（7）除了封面，其余内容全部手写。报告内容齐整，左侧留1.5 cm空间装订。

二、实习报告样例

防灾科技学院

INSTITUTE OF DISASTER PREVENTION

实　习　报　告

实习名称　　地质工程专业认识实习

学　　院　　地质工程学院

专　　业　　地质工程　　班　　级　＿＿＿＿＿＿

姓　　名　＿＿＿＿＿＿　学　　号　＿＿＿＿＿＿

实习地点　　京津地质实习基地

实习时间　　年　月　　指导教师　＿＿＿＿＿＿

教务处监制

指导教师实习评价

考核项目		考核标准	分值	得分
出勤态度（15分）	出勤（10分）	依照工作手册和野外实习记录核查出勤天数，出勤1天按1分计	0～10	
	态度（5分）	严格遵守纪律，积极主动，吃苦耐劳，很好地完成了实习任务	5	
		遵守纪律，较积极主动，吃苦耐劳，较好地完成了实习任务	3～4	
		能够遵守纪律，但积极主动意识不强，缺乏一定的吃苦耐劳精神，勉强完成了实习任务	0～2	
野外记录（30分）		记录格式规范整洁，内容正确完整，逐日记录，现场手绘图清晰美观、要素完备	24～30	
		记录格式基本规范，内容基本正确完整，逐日记录，现场手绘图齐备	18～23	
		记录规范性较差，无逐日记录，现场记录缺失较多，现场手绘图缺项较多	0～17	
实习报告（40分）		实习报告格式规范，报告内容完整丰富，条理清晰，认识体会深刻，图件丰富美观	32～40	
		实习报告格式基本规范，报告内容完整，条理较清晰，认识体会较深刻，图件完整	24～31	
		实习报告欠规范，报告内容缺失较多，条理不清晰，认识体会不深刻，图件缺失较多	0～23	
实习答辩（15分）		基本概念准确，理解深刻，地质现象阐述清晰，回答问题准确到位	12～15	
		基本概念基本准确，理解到位，地质现象阐述较清晰，回答问题基本正确	8～11	
		基本概念不清晰，理解较差，地质现象阐述不清晰，回答错误较多	0～7	
合计				
备注				

指导教师（签名）：

________年____月____日

报告内容摘要：

主要概括性介绍本报告包含内容，不宜过细。

目　　录

说明：全文手写，1级标题分页顺序按照本文本给定，2级标题以下的内容顺序写下来，不特定分页，单面书写，页内不要打格。

1　实习的目的与意义

地质认识实习是本专业教学实践的重要环节，目的在于巩固和加深理解在课堂所学的理论知识，使理论与实践紧密相结合，提高教学效果；掌握野外观察地质现象和分析评价工程地质问题的初步能力，为今后学习、工作中使用地质资料并开展分析打好基础。

2　实习线路、日程与任务

2.1　野外和工程现场实习工作

××××年×月×日　天津蓟县罗庄子、杨庄水库和小岭子村

任务：认识中上元古界蓟县系标准地层及岩性、构造等相关知识（按实习指导书的来写，只写实际去过地方的任务，没去的地方的任务不写）。

××××年×月×日　天津蓟县常州沟村、青山岭、白滩大河河谷

任务：认识中上元古界长城系标准地层及岩性、构造等相关知识。

××××年×月×日　天津蓟县桑树庵

任务：认识中上元古界蓟县系标准地层及岩性、构造等相关知识。

××××年×月×日　北京房山周口店、官地村

任务：认识古生物演化和花岗岩相关知识。

××××年×月×日　北京海淀西山、门头沟军庄、妙峰山

任务：认识变质岩、沉积岩和地层、岩性、构造等相关知识。

××××年×月×日　××××工地、××××实验室

任务：实验室和工地认识参观。

2.2　室内内业工作

××××年×月×日—××××年×月×日　防灾科技学院北校

任务：完成野外工作资料整理和实习报告编撰及答辩。

3　实习内容总结

3.1　地层及岩性

3.1.1　地层介绍

例如：常州沟组地层、串岭沟组地层。

照片打印粘贴上，信手剖面图、素描图重新绘制或者描摹，所有图件下面有图号和图名，如下：

图号编号规则为“图3－”开头，全文图件从前往后排序给出标号，如全文第15张图，即为“图3－15”，图号图名都在图件下方！

3.1.2　岩浆岩

例如：花岗岩、玄武岩、安山岩、火山角砾岩、火山熔岩；

颜色（风化面、新鲜面）、结构、构造、矿物成分、工程性质。

3.1.3　沉积岩

图3-1 妙峰山褶皱

例如：页岩、砂岩、泥岩、灰岩、白云岩。

3.1.4 变质岩

例如：大理岩、板岩、千枚岩。

3.2 地形地貌

3.2.1 山体地形

例如：实习地点的山体描述。

3.2.2 河谷地形

例如：白滩河的河床、河漫滩、阶地（信手剖面图）。

3.3 地质构造

3.3.1 单斜构造

例如：常州沟组与串岭沟组交界；团山子组与大红峪组交界；小岭村洪水庄组与铁岭组交界、军庄火车站第一垭口等（信手剖面图）。

要素：图名、剖面方位、比例尺、图、图例。

3.3.2 褶皱构造

成因、基本形态、褶皱要素、分类（水平、倾覆；垂直、水平、倒转）。

例如：妙峰山褶皱、十三陵水库褶皱。

3.3.3 断裂构造

断层类型、断层要素、野外断层识别方法、牵引构造、擦痕、阶步、工程问题。

例如：小岭村正断层；杨庄组与雾迷山组交界断层；军庄火车站正断层等（信手剖面图）。

3.3.4 节理构造

节理成因、分类、节理统计方法、描述内容、工程应用。

3.4 地质作用

3.4.1 外动力地质作用

侵蚀作用：河流下蚀、侧蚀作用、溯源侵蚀；

风化作用：影响因素、风化等级、风化评价方法、工程问题；

搬运作用：动力来源、二元结构、影响因素；

沉积作用：层状构造、沉积特征、沉积韵律、影响因素；

斜坡重力作用：滑坡、崩塌、泥石流——定义、成因、影响因素。

3.4.2 内动力地质作用

岩浆活动：岩脉、岩墙、岩株的侵入；岩浆喷出：火山熔岩、火山角砾岩、火山碎屑岩。

3.5 工程地质问题

地质环境与工程建筑相互影响产生的问题。

3.5.1 隧道选线

洞轴线方向的确定、硐室稳定等。

3.5.2 水库工程地质问题

坝基稳定、库岸边坡稳定、淤积、渗漏、水库诱发地震等。

3.5.3 不良地质灾害的工程问题

滑坡、崩塌、泥石流的危害、治理措施等。

3.6 工地和实验室参观

4 实习总结与体会

参考文献

参考文献标准格式参见《信息与文献　参考文献著录规则》(GB/T 7714—2015)。

参 考 文 献

[1] 北京市地质矿产局. 北京市区域地质志［M］. 北京：地质出版社，1991.

[2] 天津市地质矿产局. 天津市区域地质志［M］. 北京：地质出版社，1991.

[3] 河北省地质矿产局. 河北省北京市天津市区域地质志［M］. 北京：地质出版社，1989.

[4] 河北省区域地质矿产调查研究所. 中国区域地质志·河北志［M］. 北京：地质出版社，2017.

[5] 颜丹平，张维杰，周洪瑞，等. 北京西山及长城地区野外地质实习指南［M］. 北京：地质出版社，2009.

[6] 赵温霞. 周口店地质及野外地质工作方法与高新技术应用［M］. 武汉：中国地质大学出版社，2010.

图书在版编目（CIP）数据

京津野外地质实习指导书/卢滔主编．--北京：应急管理出版社，2023

防灾减灾系列教材

ISBN 978-7-5020-9631-1

Ⅰ.①京… Ⅱ.①卢… Ⅲ.①区域地质调查—野外作业—教育实习—北京—教材 ②区域地质调查—野外作业—教育实习—天津—教材 Ⅳ.①P642.2

中国版本图书馆 CIP 数据核字（2022）第 212195 号

京津野外地质实习指导书（防灾减灾系列教材）

主　　编　卢　滔
责任编辑　肖　力
责任校对　李新荣
封面设计　千　沃

出版发行　应急管理出版社（北京市朝阳区芍药居 35 号　100029）
电　　话　010-84657898（总编室）　010-84657880（读者服务部）
网　　址　www.cciph.com.cn
印　　刷　北京地大彩印有限公司
经　　销　全国新华书店

开　　本　787mm×1092mm $^{1}/_{16}$　**印张**　4 $^{1}/_{4}$　**字数**　84 千字
版　　次　2023 年 9 月第 1 版　2023 年 9 月第 1 次印刷
社内编号　20221508　　**定价**　18.00 元